理系の言葉

LANGUAGE of SCIENCE

微小量の魅力

Charm of very small number

著＝土岐博＋兼松泰男

大阪大学出版会

まえがき

本書は大阪大学博士課程リーディング大学院プログラム、オールラウンド型の「大阪大学超域イノベーション博士課程プログラム（CBI）」という教育プログラムから生まれました。これは、文部科学省が日本の大学院の大きな改革を実現するために打ち出した政策によって支援されているものです。

長らく、日本の大学院、そのうちでも特に博士課程は大学や研究機関で研究職につく人間を養成する場として機能してきました。しかし世界に目を向けると、博士号取得者は必ずしも研究職だけではなく、もっと多様な職業についています。企業や国際機関、NGO、政治家など高度な知的能力の必要とされている場面では、数多くの博士号取得者が活躍しているのです。いわばグローバルリーダーと呼べる人々です。

リーディング大学院オールラウンド型は、まさにこういう人材を育成するための大学院教育プログラムとして推進されており、大阪大学は2011年から「超域イノベーション博士課程プログラム（CBI）」という名称で教育を開始しています。「研究者よりもむしろグローバルにリーダーとして活躍できる人材の育成を目指す」という目標の実現は容易ではありません。CBIでは、2012年度からプログラム履修生を受け容れるとともに、従来とは大きく異なる革新的な教育カリキュラムを開発してきました。

我々は、グローバルに活躍できる人材の育成にとって、文系と理系の分断はぜひとも克服すべき障害だと考えています。理系（理工医など）人材には社会リテラシーとでも呼ぶべき教養が、そして文系（人文社会科学など）人材には科学リテラシーが必要です。しかし、この社会リテラシーも科学リテラシーも、片手間で身につけられるものではありません。そこで、われわれは、両方のリテラシーのエッセンスを身につけてもらえるようなカリキュラムを工夫することにしたのです。理系人材と文系人材とが相互に議論し、協働するための足場としてのリテラシーです。異なる分野の考え方の「癖」、「特徴」を相互に理解しあい、自分の専門以外の分野について「いい質問」ができるような人材を育成したいのです。言うは易く、行うは難しの典型のような目標でしたが、大阪大学の多くの先生がこのための努力を開始してくれました。

『理系の言葉―微小量の魅力―』は、文系人材に科学リテラシーのエッセンス中のエッセンスともいうべき「数学」を理解してもらうという、相当にハードルの高い試みにチャレンジした成果です。CBIの授業では実際に文系と理系の履修生が一緒になって学んでいるのですが、本書はそこでの授業の実践から生まれています。数学は理系の世界の共通言語というべき重要な学問ですが、文系が苦手意識を持つことは周知のとおりです。著者たちは、高校まで数学をきちんと学んできた理系大学院生を相手にした今までの教育とまったく異なる世界に出くわしたわけですが、本書をお読みになればわかるように、明らかにそれを楽しんでいます。文系の学生に数学のエッセンスを伝えることの難しさからむしろ喜びを見出しているように思えます。テーマは微分です。でも大丈夫。教師が面白そうに教えている授業は、絶対に面白いのです、聴いている方にとっても。さて、それでは中身をどうぞご覧ください。

2014年11月1日

大阪大学博士課程リーディング大学院プログラム　オールラウンド型
大阪大学超域イノベーション博士課程プログラム　副コーディネーター
小林 傳司

はじめに

理系の言葉とはなんでしょう

理系の言葉を5回の授業で教えたいと思います。ところで、皆さんは理系の言葉とは何だと思いますか。理系の人たちがお互いに交流するための言葉であり、世界の理系の人たちとの間でも使う言葉です。理系の言葉は具体的には何なのかはすぐ後で書くことにして、理系の言葉の重要性を理解するために、それでは文系の言葉は何でしょうと問わせてください。文系の言葉は日本人なら日本語でしょうね。皆さんは日本人同士では、日本語でお互いの考えを伝え合ったりして交流します。この本も日本語で「はじめに」を書いています。一人の時でも、自分の考えを伝えたり、考えを練るときには日本語を使います。日常生活では国語は本当に大事な言葉です。生きるためのもっとも大事な手段です。このような大事な生きるための手段はお母さんから教わります。

国際的な舞台ではどうでしょうか。現在では世界の人たちとの交流には英語が使われます。世界のどこに行っても英語さえ使うことができればなんとかなります。皆さんはこの英語力をつけるのにかなり努力をされたと思われます。世界の友達との交流をするために必要な大事な言葉が英語だと言えます。普通の家庭ではお母さんは英語を教えてはくれません。国際的に通じる言葉を得るには自らでかなりの努力をする必要があります。しかも、いつでも英語で考える習慣を付けておかないと、英語を使って多くの人と議論することはできません。したがって、国際的な舞台では文系の言葉も英語ということになるかもしれません。

それでは理系の言葉は何でしょう。ざっくり言えば数学です。その数学も論理的にものを考えて行くための道具だと考えます。理系の言葉としての合理性は我々の取り巻く自然が満たしている法則に依拠しているべきです。自然の法則の数学的な表現は物理学がその研究対象としています。そこではすべての基本的な関係式が「微小量」（非常に小さな量）で表現されています。これは、自然界においては微小量の間の関係は非常に簡単な形で表現出来ることに起因しています。したがって、「微小量を扱うための数学が理系の言葉だ」と言えると思います。理系の人たちは理系の言葉を使って論理的に自らの考えを表現し論理づけていきます。生物学や化学、電気工学や建築学など諸々の理系の分野ではこの微小量に依拠して定量的な理解が進みます。世界でも理系の言葉を使って科学、工学のアイデアをお互いに伝え合います。

自分の範囲を大きく広げるために理系の言葉を知ろう

そんな理系の言葉を５回だけの授業で教えるとは大胆な話ですよね。そこで、この本の目標をはっきりとここで書いておきます。文系の皆さんに理系の仕事をしてほしいというお願いではありません。むしろ、「理系の人たちと話をするための言葉を獲得するのだ」という気持ちでこの本を手に取ってほしいのです。本に数式が書いてあればそれだけで私の問題ではないと逃げるのは、英語を知らないので外国人を避けているようなものです。それでは外国人とのコミュニケーションがそこで終わってしまいますよね。理系の人たちも数式を口にするだけで、避けて行かれると悲しいものです。仕方がないので比喩を交えて日本語で話しだすのですが、これだと正確さを欠くので、あまりやりたくないです。そこで、ちょっとは数式をまじえながら話をしてしまいます。それでは嫌われますよね。

ちょっと待ってください。文系の皆さん、それは自分が出来る範囲を狭めていることになりませんか。理系の人たちがどのように考えるのかを知ると、自分が出来る範囲が大きく広がるかも知れません。何よりもまして、その昔に三角関数はいや、微分記号など見たくないと息巻いていたが、それをわかってみたくないですか。その苦手を払拭すれば、自らの自信になる可能性もあります。自分の専門分野での考え方も広がる可能性もあります。それと、理系も文系も分野を超えてお互いの得意な言葉で話をすることで本当にお互いの気持ちを通じ合える友達になることでしょう。

「文系に理系の言葉を教えたい」そんな私たち教員の思いを実現する機

会が大阪大学の超域プログラムで与えられました。このプログラムは毎年、修士１年生の学生を全学から募り、理系と文系がほぼ半分ずつで20人のシンクタンク集団を育てるというものです。そこで、日頃の思いを実現すべく、半年間くらいどのように授業するかを考え、数人の教員で議論し、また考えて授業の内容を作り上げました。とにかく理系の言葉を５回の授業で、参加者が満足する所までに紹介する必要があります。それと、今回の授業の難しく新しいところは授業のクラスは文系の学生と理系の学生が約半分ずつで構成されているところです。

とにかく全体を読み通すという行為が大事

すべての大学生が手に取ってほしい本です。どの段階で勉強してもらってもよいのですが、受験で数学は単に覚えておくという必要がなくなった段階なら、いつでも良いと思います。専門の仕事を始めて少し落ち着いたので、理系の言葉を勉強してみようと思われる方も大歓迎です。自然科学での新しい発見をわくわくしながら理系の言葉で聞くことができるようになります。すばらしいことです。数式など見たくない、三角関数は日常生活では使わない、微分て何と思っていた皆さん、どんなことでも良いですから興味をもって、ぜひ、一章ずつを５回の授業時間くらいの感覚で、授業を受けながら話を聞くという態度で読んでいただくと嬉しく思います。

文系の皆さんにはわからない言葉がでてくる時もあるでしょう。そんな場合には適当に話の流れを読み通してみてください。こんな言葉を使っているのだということを頭に入れてもらえればそれだけでも大きな進歩です。近くにいる理系の人に少し教えてもらうという勇気を持つと、教えてもらいながらさらに理解が深まり、言葉の意味に厚みがでてくると思います。問題も書いてはいますが、理解を深めるための道具として書いています。完全に飛ばしてもらっても良いです。このような本をとにかく手にして、全体を読み通すという行為自体が重要だと思っています。

理系の皆さんは面白いと思っていることを伝えてみよう

理系の皆さん、ぜひ文系の皆さんが理解しようとするのを手伝ってあげてください。そのときの会話の題材に使ってもらうのも良いです。そして自らが面白いと思っていることや考えていることを、文系の皆さんに伝えてみてください。とくに、一番経験してほしいのは、教えるというのはいかに自らがすべての内容を知り尽くしていることが必要であるかということを実感することです。そのことにより、自らの研究や仕事で深くものを考える習慣を付けてほしいと思っています。人との交流は自らを作り上げます。

世の中には多くの人たちが協力して解くべき問題が山積しています。エネルギーの問題、放射線の問題、食料の問題、環境の問題、水、天気、など理系文系を問わず、国籍を問わず考えて実行して行く必要があります。そのときに必要なことは「言葉」を使うことです。日本語、英語、理系の言葉……それは手段です。最終的に通じるのは問題を協力して解決しようと思う、心だと思います。その意味でも、お互いがお互いを理解する手段を得ることは非常に大事だと思われます。

この本では 5 回の授業の進行に合わせて内容を書いています。実際の授業では対象の学生は 15 人くらいで、理系と文系がだいたい半分ずつです。このクラスの人たちは「理系の言葉」の授業を行った前の年の一年間を一緒に行動してきていました。彼らは世界の難問に挑戦したいと思っている仲間です。

自分のゴールを知ってゆっくりとつきあって下さい

このようなクラス編成で授業にのぞむ先生と学生の目標を示しておきましょう。先生は理系の言葉、とくに微小量の魅力を教えたいと思っています。文系の学生の目標は、その理系の言葉を学び、理系の考えの神髄を知ることです。理系の学生の目標は、理系の言葉を文系に教えることで、理系の考えを再認識することです。これらの目標達成の成果は文系理系が同じ空間で会話をすることで体得できます。自らの友達はどのようにものをとらえる人なのかということを、日本語、英語、理系の言葉を使って知ることができます。

ぜひ、ゆっくりとつきあってください。余白にどんどんと計算や書き込みをしてこの本を自分の本にしていってください。全体は5回（90分 ×5回）の授業です。この本の読者にはそれぞれの所にお願いが書いてあります。レポートもお願いしています。本を読んでいて、もう少しこのようなことを書いてほしい、このように話を進めてほしいという希望があれば、そのレポートを書いてメール (toki@rcnp.osaka-u.ac.jp) でも送ってください。さらには、来年度もこの5回の授業をする予定です。皆さんの希望と授業での受講生のコメントを反映させてこの本を成長させていきたいと思っています。皆様と一緒に理系の言葉の内容を発展させていきたいと思っています。この本は皆で作っていくものです。その上で理系文系という言葉自身がなくなってほしいと願うものです。

この企画をしてくださり、何度も編集の相談に乗ってくださった大阪大学出版会の栗原佐智子さんに感謝します。この授業の企画段階でいろいろと考えてくださり、良いコメントをくださいました下田正先生に感謝します。初年度と次年度でこの内容の授業を受講してくださった超域プログラムの学生さん達に感謝します。とくに、修論の追い込みであり、口頭試験を間近にしながらも座談会で集まっていろいろなコメントや意見を言ってくださった超域プログラムの学生の橋本奈保さん、金泰広さん、瀧本裕美子さん、永野満大さんに感謝します。彼らのお陰でこの本が生き生きとしたものになったと思っています。それから、それぞれの授業の内容に即して挿絵を描いていただいた門田英子さんに感謝します。

2014年10月10日

著者

目 次

第1章　半減期と微分方程式（1時限目）

1.1　授業を始めるにあたって

この超域の授業を受ける皆さんはすでにトップリーダーとしての良いスタートが切られています。すでに分野を超えた友達を持っているのは素晴らしいことです。この本を初めて手にした読者の皆さんもどんなことを勉強するのかわくわくとされていることでしょう。これからどんどんと理系の友達を作って行く可能性が広がります。今後の世界のリーダーが解くべき問題は、人口の増加、エネルギーの問題、放射線の問題、食料の不足、砂漠化などです。これらの問題を解くときに、お互いがどんな人たちで、どのように考える人たちかを理解する必要があります。この授業では理系の方から、理系の人たちはどのようにものを考えているかを紹介します。次は文系の人たちはどのようにものを考えているかを紹介する授業があっても良いと思っていますが、今の段階では多くの人は一般的な本を読む機会があるので、通常使っている日本語や英語がその言葉であるとしておきたいと思います。

ところで、私は物理のなかでも根本的な学問である原子核や素粒子の理論研究をしてます（おそらくは社会生活から一番遠い学問かもしれない）。こんな浮世離れしているような自分が大学で一番話が合うと感じた人たちは文学部の人たちでした。とくに哲学が一番近いように思いました。哲学は言葉でいろんな事柄を論理的に説明し、考察を進めて行きますが、物理学者は数式を使ってその論理を構築します。論理的にものを考えるという意味では、文系や理系という区分は本来はないものと思っています。すなわち、話せば通じる仲間だと思います。

このような内容の授業はおそらくは日本初だろうと思います。ここにいる人たちで、一緒にこの授業を作って行きたいと思っています。そのために、全員が授業に参加し、どのようにすればこの授業の目的が達成されるかを考えながら、レポート問題を授業毎に出し、それを使いながら次の授業を作って行きたいと思います。

まず最初に、学生にA4サイズの紙を配ります。そこに名前などを含めて、いろんな質問に答えてもらいます。

レポート問題

- 名前・学部専攻・学年（職種・年齢）
- やりたいこと、目指していることを書いてください。
- 自分の特徴、自分の長所、自分の短所などを書いてください。（改めてこのようなことを書くことで自分を発見することと思われます）
- 半減期が10日の放射性物質があります。後、何日でその放射性物質はなくなるでしょうか。図の縦軸に放射性物質の量、横軸に日数をとって、その現象の様子を示してください。

- 三角関数や対数関数を使ったことがありますか。何故、それらが重要なのかわからない。どんな局面で使うと思うか。出来れば自分でも使いたいと思うかなど、このあたりの感想を書いてください。
- なぜこの授業を受けたいと思ったのかを書いてください。

本の読者に

この本を手にしている皆さんも是非このアンケートに答えてみてください。10分くらいの時間を使って下さい。自分がどんな人間であり、どんな長所、短所を持っている人間かを考えてみる機会になるのではないかと思われます。それと、この本を良くして行くためにもどのような読者がこの本を手に取って勉強しているのか。また、コメントを沢山頂くと次の改訂版に反映させることができると思います。一緒に、よりわかり易い本を作って行きたいと思います。このアンケートの答えは toki@rcnp.osaka-u.ac.jp に送っていただければ幸いです。いろんな場面での参考にしたいと思います。

1.2 放射性物質の半減期

放射線の問題は福島原発の事故以来、否応無しに日本人の日常の問題となりました。放射線をどのようにとらえるのかの話から始めたいと思って、このようなレポート問題を書いてみました。さて、皆さんはレポートでど

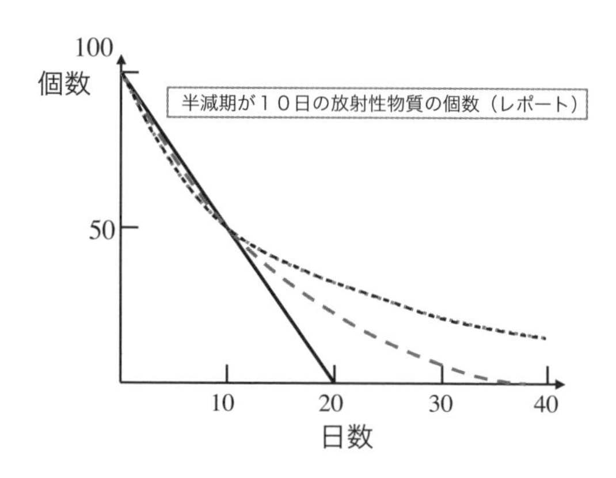

図 1.1　半減期が 10 日の場合の放射性物質の個数の日数変化を学生のレポートから代表的なものを抜粋して描いたものです。

のような答えを書いてくれたでしょうか。半減期に対する種々の答えは 3 種類くらいかなと思います。教室の学生たちは直線的な変化、次第に減っていく関数だがどこかで 0 になる、さらには次第に減っていく関数だがずっと 0 にならないというような答えを描いてくれました（参考：図 1.1）。それでは、少し時間を使って正解の図を作ってみることにします。

非常に興味深いのはこの答えを見つけるのには、半減期（半分になる時間）という概念だけを使うことです。すなわち、図 1.2 に示しているような縦軸に放射性物質の量、横軸に時間（日数）を取るグラフを用意します。10 日で半分なので、最初に 100 個あったのなら 10 日で 50 個になります。次の 10 日間（時間が 20 日のところ）でまた半分の 25 個になります。その次の 10 日間（時間が

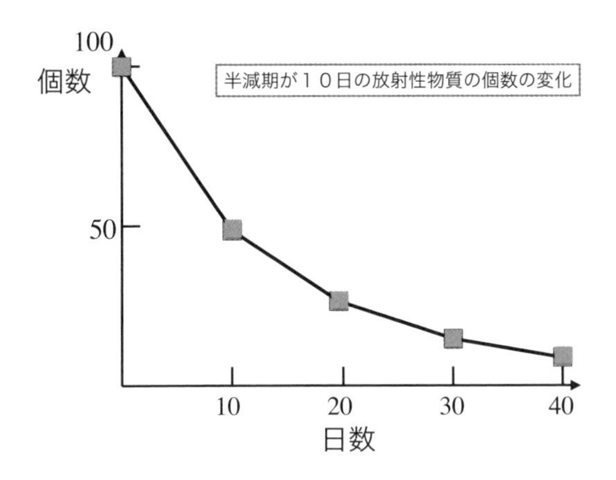

図 1.2 半減期が 10 日の場合の個数の変化を半減期という概念を使って描いたものです。

30 日のところ）でその半分の 12.5 個になります。それを順番にプロットすると図 1.2 のようになります。それらをスムースな曲線でつなぐと、ほぼ正解の図が出来ます。この曲線は放射性物質はいくら時間が経っても無くならないことを意味しています。さらにこの曲線は指数関数と呼ばれています。したがって、レポートでは、ずっと放射性物質がなくならないような図を描いてあるものが正解です。

ここで勉強してほしいのですが、放射性物質の量は決してゼロにはなりません。長い年月が経てば、気にならないくらいの量になるというのが正解かもしれません。半減期という概念をこのようにして使うことができれば、図にプロットするだけで放射性物質の存在量を知ることができます。この授業ではこの放射性物質の量の変化に関する方程式（正確には微分方程式であり、この本の主役です。後でゆっくり説明します）を解くのですが、定性的に答えを得るには半減期という概念を正しく使えば、後はグラフを使って正しい答えを得ることができます。これは素晴らしいことです。放射線物質の量の変化を半定量的に求めるには半減期という概念を図を使いながら書いていけば正解に近いものを得ることができたわけです。これからの話はこの文章で書いた内容を数式（微小量の言葉）で表現していくことです。

「もしかして、指数関数？」

読者：このゆっくりと減少してずっと 0 にならないような関数のことを指数関数と呼ぶのですよね？これまでそんな関数の存在は知っていましたが、どこで使うのかは知りませんでした。
先生：はいそうです。この本の中心的な関数ですよ。これからの話の中でじっくりとわかってもらいます。

（この本では随所で読者と先生の会話が出てきます。この本の読者も共鳴できるような質問と答えになっていることを希望しています。邪魔だと思う時もあると思います。その時には適当に読み飛ばしてください）

ある物質の寿命が与えられている時のその物質の変化量は指数的になります。何故、物質の変化量は指数的かを理解できない場合には、そのことを覚えるということになりますが、理系の人たちは微小量の間には簡単な関係があることに気付いています。少なくとも現在の物理学では微小量の間の関係は単純であることを教えてくれています。物理学の基本方程式であるニュートンの方程式はまさしく微小量の間の関係を与えています。したがって、ニュートンの方程式が見つかった瞬間から微小量の数学は発展しました。この本のタイトルに理系の言葉として微小量の魅力を取り上げているのは、自然の法則が微小量で表現されていることに起因します。このあたりをこの授業では一つ一つ議論して行きたいと思います。この授業では物質の寿命にかかわる微小量の間の関係を理解し、それからどのようにして指数関数の答えを得ることができるのかを勉強することを大きな目的としています。

「ニュートンって、あのニュートン？」

読者：ニュートンの方程式とはあの有名な 17 世紀に活躍したニュートンのことですよね。
物理の基本の方程式がこの本での主役なのですか。
先生：微小量の魅力はまさしく、自然の方程式の代表であるニュートンの方程式が微小量の間の関係で書かれていることに起因しています。はい、その通りです。

ところでこの授業は皆で作って行くものです。わからないとか、自分だったらこうするといったコメントや質問はどんどん出してすすめてください。

レポート問題 1 の最後の質問「なぜこの授業を受けたいと思ったのかを書いてください」に対して、超域のクラスの学生さんたちは次のように答えてくれました。

- 数式が言葉として見えてくるようになりたい。
- 理系の言語体系を見つけたい。

- 理系の言葉を学びたかった。
- 他のクラスは文系の内容ばっかりだったので単純に理系のクラスがとりたいと思った。
- 理系の人たちはどんな人なのか興味があった。
- 理系が面白いと思っていることをわかってほしいと思った。

などなどでした。あなたはどんな動機でこの本を勉強しようと思いましたか？

1.3　微小量

この本では理系の言葉を教えたいと思っています。微分や積分、微分方程式などを教えたいと思っています。その際の主人公が「微小量」です。**1時限目の理系の言葉は微小量であり、それを使って定義（約束）される微分です。**微分という言葉を聞くだけでもちょっと嫌な気持ちをもたれるかもしれませんが、簡単にいうと微分は微小量の割り算に対応します。

それでは、その主人公であり、この本のサブタイトルにもなっている微小量とはなんでしょうか。非常に小さな数字であるということです。ところで、通常は数字が単独では使われなくて単位がくっついています。そのことも同時に理解して欲しいと思います。たとえば、長さは1mm（ミリメートル）や1m（メートル）と表現します。同じ数字1を使いますが、単位はmmとmなので違っています。どちらが大きいかというと1mの方が1mmより大きいですよね。1mの大きさと較べるとその1000分の 1 である 1mm は微小量だということができます。時間については 1 秒は 1 時間よりは断然小さいですよね。時間の場合には 1 時間の大きさと比較すると 1 秒は微小量です。いろんな事がらを表現する場合には単位が必要です。それらを意識しながら、微小量とはなにかを議論したいと思います。

「微小量ってどれくらい小さいの？」

読者：質問させてください。
微小量が相対的なものならば 1m でも微小量になりうるのですよね。たとえば、1m は京都と大阪の距離の約 50km にくらべると断然小さいので微小量ですよね。京都と大阪の関係を議論する際には 1m も微小量という扱いをすれば良いのですよね。
先生：その通りです !!　素晴らしい理解力です。

微小量の計算とその書き方の話をします。微小量は Δx（デルタエックス）などの書き方をすることにします。時間だったら Δt（デルタティー）などとも書きます。t は時間の time の最初の文字で時間に関する量を表現するためによく使われます。とにかく、この本でギリシャ文字の Δ（デルタ）がついていれば微小量だと思ってください。微小量は数字の比較をすることで意味をもちます。我々の大きさは 1m くらいの大きさなので、我々に較べて 1mm は小さな量です。100 年に較べて 1 日は小さな量です。例として x =100 年に対して、Δx = 1 日と考えます。つまりは時間なら、100 年くらいの大きさ（オーダー）の議論をする際に 1 日は微小量として扱うという意味です。

「どうして x や t が使われるの？」

読者：Δx や Δt は微小量として良く出てきますよね。
このように、理系の教科書では x や t が良く登場するのは何故なのですか？

先生：x は一般的な変数に必ず使う代表的なアルファベットです。その流れで y や z などもよく使われます。
長さや、速度や温度や株価など、何でも良いが議論の対象になっている変数をとりあえず、x と書くことにしています。t はとくに時間を表現するのに使われます。時間の英語である time から来ています。時間は我々の生活で一番大事な量だということで、常に同じ記号を使うようにしています。

1.4　微小量の間の関係を数式で書いてみる

微小量の間の関係は簡単であると言われます。少なくとも、自然現象を探求する物理学が教える所です。別の意味では物理学は自然を対象としますが、そのふるまいを理解するには微小量の間の簡単な関係を見つけます。先ほど質問した時間とともに減少する放射性物質の現象には微小量の間に次の簡単な関係があります。

$$\Delta N = -\lambda N \Delta t \tag{1-1}$$

この式の意味を日本語でも書いておきます。

（微少な個数）＝ −（寿命）×（物質の個数）×（微小時間）

読み方も日本語で書いておきます。
「デルタエヌ　は　マイナス　ラムダ　エヌ　デルタティー」

つぎに、この式を文章で書いてみたいと思います。左辺の ΔN は物質の個数 N の微小な変化量です。右辺では微小な時間 Δt の間に変化する量は物質の個数 N と物質に固有な定数 λ に比例すると書かれています。その前にマイナス符号がついているのはその変化量は減少するということを表しています。すなわち、対象とする物質の個数が大きければ、それに比例して変化する量も大きい。さらには物質には固有の減少する性質がある。それを寿命といいます。この寿命を定数 λ（ラムダ）で表すことにします。

なぜ、λ のようなギリシャ文字のアルファベットで書くのかという質問があることでしょうが、理系の人は式の中にギリシャ文字を使うのが好きだからです。別に英語のアルファベットで書いても良いのですが、ギリシャ文字にもなれてほしいという意味くらいです。これからはこのような式の形に慣れてもらいます。よく使うギリシャ文字とその読み方を巻末に書いておきます。

「どうして ギリシャ文字を使うの？」

読者：一つ質問させて下さい。N は number ということで、そのように書くのですか。どうして理系の人は λ のようなギリシャ文字ばかりを使うのですか?

先生：そうです。個数を表すのに N をよく使います。数学がギリシャを起源としているので、ギリシャ文字を使う習慣になったと思います。

確かにギリシャ文字は理系の人たちが好んで使う習慣ですね。もちろん日本語でも良いですし、漢字は良いですね。いっぱいあるから。

昔、アメリカで浮力の授業をしていたときに、添字で使うギリシャ文字がなくなってしまい'木'や'水'を使いました。ちょっと漢字の説明もしましたが。ここも、好みの問題ですね。浮力の話をしているときに体積あたりの重さである密度を議論する必要がありました。その密度を ρ（ロー）という記号で表すことにします。そうすると多くの物質の密度が必要になり、たとえば水の密度や木の密度が必要でした。その時に $\rho_{水}$ や $\rho_{木}$ と書いて少し、漢字の神秘の話をしました。

このようにするとアジアの人には覚えやすいですね。しかし、ギリシャ文字を使う所も、理系の言葉に近寄りがたくしている要因の一つであることは間違いないですね。

　アンケートにある放射性物質の半減期の話と結びつけてみます。半減期とは、粒子の個数が半分になるのに必要とされる時間を意味します。変化量として半分というのは微小量ではなくて大きな量です。残念ながらその大きな変化量を直接は簡単な式では表現できません。そのかわりに、単純に放射性物質の個数が減少するという事実に着目します。そうすると式（1-1）のように粒子の個数が微小に減少する量はその時の粒子の数と、微小な時間の大きさに比例するという式になります。その時の比例係数が λ と与えられていると読み取れます。この式が代表的な微小量の間の関係ですが、常に微小量の間には比例関係があるということを教えてくれています。これが微小量の魅力です。放射性物質の半減期との対応は、少し理系の言葉を勉強してから話したいと思います。

それでは、この方程式が表現している徐々に減少する（つまりはゆっくりと減少して決して0にはならない）現象を探してみましょう。人口、放射能、およそ生命活動するもの全般ですね。それでは、指数的に増加する現象はありますか。銀行の利子で貯金が増加する。借金は増加するという感じですね。もちろん、最初から何も無ければずっと0で問題にすることは無いですが、最初に、ある有限の値があると、この方程式にしたがって変化する量はいつまでも有限の値を持っています。この時の増加する場合の微小量の間の関係は

$$\Delta N = \lambda N \Delta t \tag{1-2}$$

のように書かれます。つまりは方程式の前の + か − のサインの違いで減少か増加かの違いが表現されます。利子が高いとか安いという概念はこの式で λ が大きいとか小さいということに反映されます。

そもそも、微小量の間の関係が与えられているときにそれをどのようにして大きな量の間の関係にすることができるのでしょうか。微小量の間の関係を式で表現する

のはそれで良いとして、それが何の意味があるのかが問題になります。ところで、我々の授業では微小量の概念で話を進めていますが、一般の物理や数学ではこの Δ を d で表現することになっています。

$$dN = -\lambda N dt \tag{1-3}$$

のように微小量 Δt を数学では dt と書きます。このように書く時の理系の人たちの気持ちは「dt は非常に小さい」という感じですが、これまで使っている微小量 Δt と同じだと考えていれば良いです。この微小量の間の関係式（1-3）を微分方程式と呼びます。この辺りの書き方を勉強していただくのもこの本の大きな目的です。

「どうして微分方程式を教えたいの？」

読者：何のために微分方程式を教えたいのですか？物理を教えたいのですか？

先生：理系の人は複雑な現象も、細かく切って行くと単純な関係で与えられていると考えます。確かに物理がその根底にあることは事実です。
それで例として放射線の寿命の話を持ち出したのです。
微小量の間には簡単な1対1対応があることを見せたいのです。

「微分方程式って何ですか？」

読者：微分方程式とは微分を含む方程式と考えて良いですか。
少し表現は変わりますが、つまりは微小量を含む方程式と解釈しても良いですか？
先生：その通りです。
微分方程式は微小量を含む方程式です。
それぞれの微小量の間には簡単な比例関係があります。
それが微小量の魅力だと思っています。

もし、微分方程式と呼ぶのなら、数学で使う微分を使って書いていないと雰囲気が出ないという人のために式（1-3）の両辺を小さな量 dt で割り算してみたいと思います。本当に dt で割り算して良いのかと気になる人は Δt という微小量で割り算すると思えば理解出来るのではないかと思います。これからは dt と Δt は同じ量だと思ってください。式（1-3）の両辺を dt で両辺を割り算すると次のような左辺に微分を含む方程式を得ることが出来ます。

$$\frac{dN}{dt} = -\lambda N \tag{1-4}$$

この式は粒子の個数を時間で微分した量は、その粒子の個数に比例するという意味です。このように書くと微分を含む方程式なので微分方程式と呼ぶことは理解出来ますね。放射性物質などおよそ寿命を持っている現象はすべてがこの方程式にしたがいます。物質によって違うのは λ という微分方程式の中の物質に固有な定数だけです。

今は聞き流しておいてください

先生：本文での表現で「粒子の個数を時間で微分した量は」という表現は、後で微分の話がしっかり理解できてからわかります。しばらくは、聞き流しておいてください。

ここまでの話の進行では、「放射性物質のように寿命を持つ物質では、その量はどのように変わるか」の話をしただけです。その議論の最後に出てきた方程式は、微分方程式と呼ばれるものだということを知ってもらうことで今の段階では十分です。これから、本格的にその微分方程式を解く話を進めていきたいと思います。ここで「解く」という意味を説明します。微小量というのは、小さな小さな量です。微分方程式は、その小さな小さな量の間の関係を書いただけです。図1.2で書いたように縦軸は100個というような大きな量（普通の大きさの量）だし、横軸は10日などのように大きな時間（普通の大きさの時間）です。小さな量の関係からこの大きな量同士の関係を導くのが微分方程式を解くという意味です。

まずは言葉を学んでください

読者：ふー!!　ここまでは寿命の話ばっかりでした。まだ、表現法が出てきただけですよね。微小量という言い方はわかったような気がするがこれからが本番ですよね。ここまではちゃんとわかっていなくても良いですよね。

先生：まったくそうです。まずは言葉を学んだという理解で良いです。もちろん、それだけでもすごいことです。

1.5 微分

微分方程式は文字通り微分を含む方程式です。その中で、微分という言葉が出てきたのでまずは微分の説明をしたいと思います。1.4 節での放射性物質の個数の変化は説明無しで、微分方程式の形でこのように書きますという態度で書きましたが、ここからは一つずつ頭を動かして下さい。さらに、本の余白を利用して手を動かしてください。高校時代に微分で算数がわからなくなったという人もこの受講生の中にも数人はいるかもしれませんが、親切にじっくりと話を進めて行きますから、頑張って理解してください。別に難しい概念ではないですので安心していてください。じっくりと時間を取るので頭を動かしてくれるとわかるようになります。随時、質問もしてください。このあたりは最初の経験なので、いろんなコメントを授業を受けた学生さんに入れてもらっています。そのコメントも、「そうそう」と思いながら読んでみて下さい。

通常は色んな実験値や測定量を縦軸にとり，横軸にその測定量を得た時間や場所をとります。いくつかのグラフの例を図 1.3 に示してあります。左上の図は日本の人口を縦軸 (y 軸) にとり、年度を横軸 (x 軸) にとったものです。右上の図は日本のある市の温度を縦軸にとり、一日の時刻を横軸にとったものです。右下にはこれらの事例を総称して適当に縦軸 y と横軸 x をとって適当な関数 $y = f(x)$ をプロットしたものです。左下は開けておきました。何でも好きな量を縦軸と横軸にとり、プロットしてみてください。いつも違う量について話しをするのは

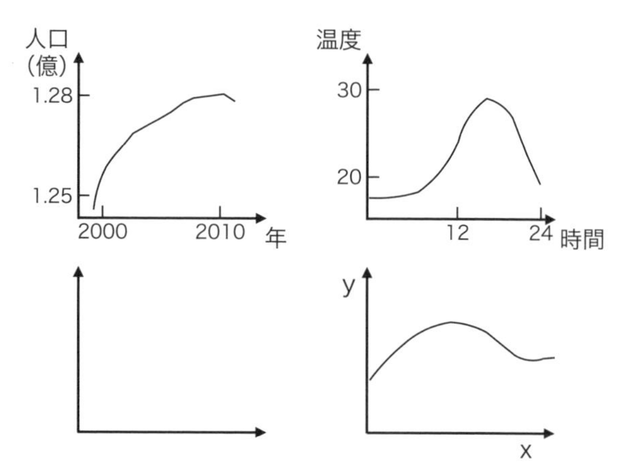

図 1.3　沢山の関数 $y = f(x)$ のいくつかの例です。右下にこれらの具体的な例を一般的な言葉である「y は x の関数である」ということを表現するために縦軸に y、横軸に x をとって関数を表現してあります。左下には自分の好きな量を縦軸と横軸にとってグラフを描いてみてください。

経済的ではないので、これらを一般的にしてこの曲線を

$$y = f(x) \tag{1-5}$$

と表すことにします。その時、y の値は x の値に応じて $f(x)$ のように変化するという意味です。「y は x の関数 (function) です」と言います。図 1.4 に適当な関数の曲線が書かれています。ここからじっくりと微分の話をしますが、ざっくりというとこの曲線の傾きがその曲線の微分になります。傾きの定義は

$$\text{傾き} = \frac{y\,\text{の変化量}}{x\,\text{の変化量}} \tag{1-6}$$

としています。

「$y = f(x)$ がまずわからない？」

読者：早速質問ですが理系の人はいつも $y = f(x)$ のように関数を抽象的な書き方をするのですがもっとわかりやすい表現はないのですか？　もっとわかりやすくしてほしい。

先生：抽象的な表現をとっていることは事実です。それは、具体的にはいろいろな関数があるのですが、一般的に表現するために $y = f(x)$ のような言い方をしています。関数の具体的な例を図 1.3 に描いておきました。

関数はグラフを使って表現するとわかりやすい。それぞれの例では縦軸も横軸もそれなりの意味を持っています。それらを総称して数学では、縦軸に y を書き、横軸に x を書きます。そして $y = f(x)$ と書き、y は x の関数ですということにしています。

これで質問に答えていることになっていますか。図で一つ開いているところに好きな関数を描いてください。

読者：もう一つ質問です。

$y = f(x)$ はどうして斜体で書いてあるのですか。

先生：その質問は予期していませんでした。

単純に手で書いているような印象がでるからですと言っておきます。特別に意味はありません。

数学者が定義する、どの本でも書かれている微分の定義式は次のように書かれています。

$$\frac{dy}{dx} = \lim_{\Delta x \to 0} \frac{f(x + \Delta x) - f(x)}{\Delta x} \tag{1-7}$$

この定義の持つ意味を図 1.4 を見ながら説明したいと思

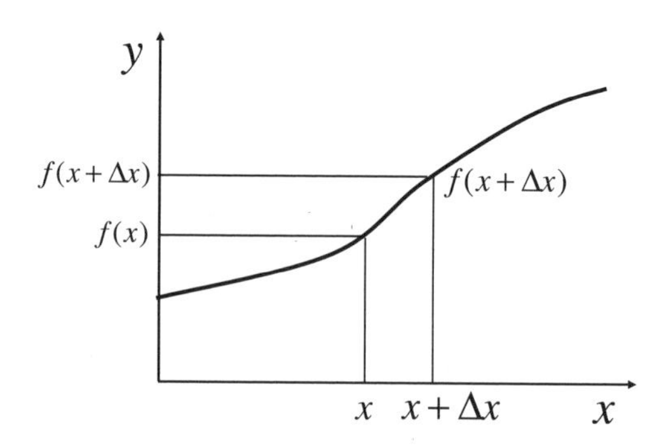

図 1.4　y が x の関数で与えられている関数形を実線の曲線で表しています。この曲線の傾きは関数の変化量 $f(x+\Delta x)-f(x)$ を x の変化量 $x+\Delta x-x=\Delta x$ で割ったものと定義されます。この図で Δx をどんどん小さくすると 2 点間の距離はどんどん近づき、微分はこの曲線の x の点での傾きになることがわかります。

います。この式で $\lim_{\Delta x \to 0}$「デルタエックスが 0 の極限 (limit) を取る」とは Δx は極限的に小さい量であるということを式で表したものです。この数式で lim と書いているのは英語の limit を短縮して書いています。一般的にどこにでも書いてある微分の定義です。しかし、極限をとるという $\lim_{\Delta x \to 0}$ という記号が何かよそ行きな感じを与えています。そこで、微分の意味を理解するには Δx は小さい量であることを頭に入れてただ単純に

$$\frac{dy}{dx}=\frac{f(x+\Delta x)-f(x)}{\Delta x} \tag{1-8}$$

と書くともっとわかりやすいかもしれないと思います。この際に Δx は非常に小さい数であることを頭に入れて

おくことは重要です。物理学者は、ほぼこのように微分の式を見ています。とくに数値計算する場合はまさしく微小量を使って数値計算します。重要なことは「微分は曲線の傾きである」ということを知ることです。この傾きという概念は自然現象での変化を示す量になっています。図 1.4 では微分の分子は $x+\Delta x$ の所の y の値から x の所の y の値を引き算したもので $f(x+\Delta x)-f(x)$ になります。分母は Δx なので、$x+\Delta x$ と x の二つの値の差なので $x+\Delta x-x=\Delta x$ となり、まさしく微分はこの関数の傾きを与えていることがわかりますね。もちろんその際に Δx は小さい量であるということを頭に入れています。

「ここまでの感想です」

読者：感想をのべます。
確かに数学の定義で $\lim_{\Delta x\to 0}$ などと書かれていると、何それという感じかな。
これからは Δx は非常に小さい量ということだけを頭に入れてこの記号を省くことにします。

これから先、この本の本題である微分方程式を解いていきますが，その際に使ういくつかの関係を微分の公式というかたちで書いておきます。もちろん、これらの公式は自ら一度はチェックしてから使うことが大事です。したがって、問題としておきます。

問題　下記の微分を授業で導入した微分の定義式を使って証明して下さい。(授業では時間を取ってゆっくりと皆の反応を見ながら進めます）読者の皆様も慌てること無くゆっくりと微分を計算してみて下さい。その際に一番わかり易いのは図を描いてその傾きを調べるということだと思います。この際に微分の定義は何なのかをわかってもらえればうれしいです。もちろんグラフを使って答えを出しても良いし、計算結果を確かめても良いです。

$$\begin{aligned}(1)' &= 0 \\ (x)' &= 1 \\ (x^2)' &= 2x \\ (x^3)' &= 3x^2 \\ (x^n)' &= nx^{n-1}\end{aligned} \tag{1-9}$$

ここで右上に $'$（プライム：prime）を付けたものは微分を表します。すなわち

$$(f(x))' = \frac{df(x)}{dx} \tag{1-10}$$

とします。

「自分で微分を解いてみる」

読者：よし、それでは一つ練習をやってみよう。
x^2 の微分は???
定義によると $f(x) = x^2$ だから
$(x^2)' = \frac{[(x+\Delta x)^2 - x^2]}{\Delta x}$
$= \frac{[2x\Delta x + (\Delta x)^2]}{\Delta x} = 2x + \Delta x$
Δx は x より断然小さいので答えは $2x$。
やったー!!

さらには、今後一つずつ証明して行きますが、式（1-11）に指数関数の微分と三角関数の微分を書いておきます。ここでこれらもわざわざ書いておくのは、この授業で登場する微分はこれくらいです、ということを言ってお

くためです。この段階では証明の必要はありません。この本で出てくる関数はこれくらいのものです、というためにここに書いておきました。後でじっくりやりましょう。

$$
\begin{aligned}
(e^x)' &= e^x && (1\text{-}11)\\
(\sin x)' &= \cos x\\
(\cos x)' &= -\sin x
\end{aligned}
$$

「指数関数や三角関数はあまり見たくない？」

読者：ふー !!
これは確かに難しそう。
こんな関数はあまり見たくないような！
それでも最後にはわからせてくれる？
楽しみ !!
先生：よく考えてみると、
私はこの三角関数や指数関数である e^x が何であるかを教えたいと思っているようです。
これが理系と文系を分けている言葉の中心にあるのかな。

この授業では、これくらいの微分公式しか使いません。理系の仕事の現場ではもっとたくさんの微分公式を必要とします。これらは数学者がしっかりと証明して本に公式として書いてくれているものというスタンスを取ります。数学の式の間の関係は難しいものがいっぱいあります。これは自然現象を理解するのに得意分野の違う人たちが共同作業して自然に挑戦していると考えてもらいたいと思います。理系の人たちの間での共同作業です。この共同作業にさらに文系の人たちが参加すれば、すばらしい発展につながるものと思います。今回の授業では非常にたくさんのことを授業しました。しかも1時限目に微小量、微分、微分方程式が登場しました。

かなり疲れましたね。1~2時間くらいを使って、コーヒーを一緒に飲みながら、宿題を一緒に勉強したいし、自分の夢を語り、皆の夢を聞いてみたいと思っています。私は雑談が現状を突き破り新しい概念を作り上げる原点だと思っています。しかも分野の違う人たちがともに同じ場所で時間を使うことはまったく新しい次元に我々を導きます。

本の読者に

1時限目が終わりました。いろんな概念が登場しました。早すぎるような気もしますが、もう一度、わかりにくかった所を読んで、考えてみてください。何度も読み返してください。急ぐ必要はありません。授業を受けた学生さんにコメントや感想を挿入してもらっています。共感することも多くあるでしょう。理系の人が日常使う方程式や、文字を使った式、またラムダ (λ) などのギリシャ文字が登場しました。今日はこれくらいにして、コーヒーでも飲みながら、ちょっとは理系の言葉に慣れたかなという感想を持ってもらえたら嬉しいです。理系の人との話題とするのも良いですね。細かいところがわからなかったら友達に聞いてみるのも良いかと思います。理系の友達は驚くでしょう。良い話し合いの機会を持てると思います。それから、ネットで、たとえば微分や微分方程式を検索してみてください。この授業で出て来た式や説明が書かれていることでしょう。

==================================

コーヒータイム

授業の後、多くの学生とコーヒーを飲みながら雑談しました。私はこのような雑談が新しい概念を生み出す原点だと思っています。

いくつかの話をしましたが、今思い出すのは計算するときもそれぞれの国の言葉を使っているという話です。私は物理学の理論研究で博士号を大阪大学で取得しました。物理ではかなりの量の計算するのですが、日本にいるときはほとんど間違いすることはありませんでした。ところが、博士号を取得してすぐにドイツで研究者として仕事を始めたときに、仲間との議論を国際語である英語でする必要があったので、ノートを書くときの言葉を英語に切り替えることにしました。つまりノートを書くときに英語で考えることにしました。すると1ヶ月目位から計算間違いばかりするようになりました。何度ノートを書き直しても同じ結果を得ることが出来なくなったのです。非常に興味深い現象です。

その原因は日本語では分数を読むときに分母を先に読んで分子を後で読みます。たとえば $\frac{3}{5}$ は「5分の3」と読みます。英語では「three over five」と読みます。順番がまったく逆なのですね。最初は英語で考えているつもりでも分数がくると日本語で計算していたようです。ところが、1ヶ月目位から英語で計算するようになってきたようです。それが交互で起こることで、どちらで計算しているのかがわからなくなったようです。それが、2週間くらい続いてその後は間違わなくなりました。どうも完全に分数も英語を使って計算するようになってきたようです。それがわかってからは今でもノートを書くときには英語で計算しています。言葉の違いは興味深いですよね。

＝＝＝＝＝＝＝＝＝＝＝＝＝＝＝＝＝＝＝＝＝＝＝＝＝＝＝＝＝＝＝＝＝＝

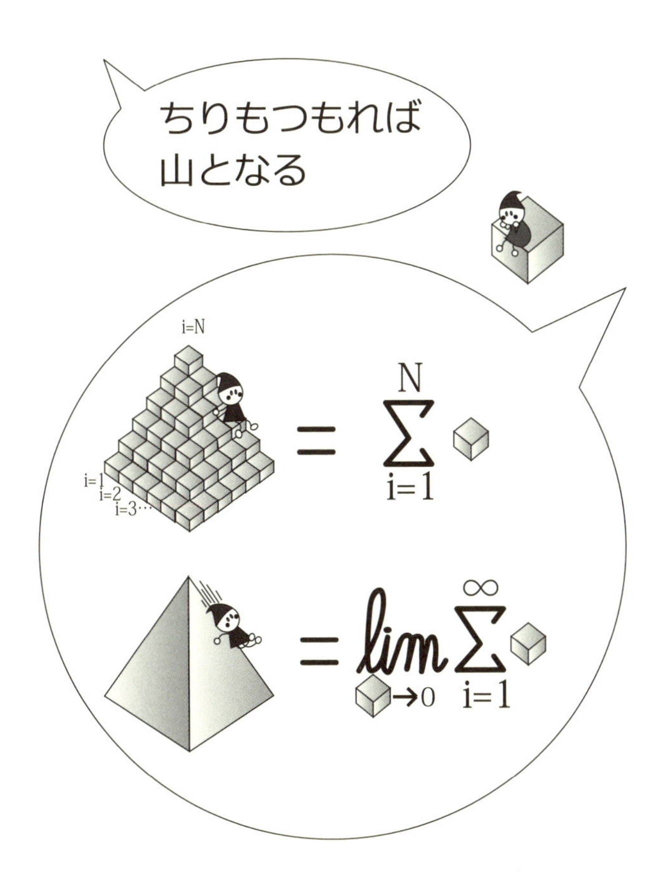

図 1.5 ちりも積もれば微小量も一人前

第2章　微分は微小量の割り算で 積分は微小量の足し算 (2時限目)

2.1　復習：微分の定義

1時限目の授業では微分を勉強しました。微分の定義（約束）は

$$\frac{df(x)}{dx} = \frac{f(x+\Delta x) - f(x)}{\Delta x} \tag{2-1}$$

です。ただし、Δx は x に較べて非常に小さな量（微小量）であることを示しています。分子は関数 $f(x)$ の $x+\Delta x$ の所の値から x の所での値を引き算したものですから、関数の変化量です。分母は Δx なので、微分は $y=f(x)$ という曲線の x での傾きを与えています。たとえば、一番代表的な微分は

$$(x^n)' = nx^{n-1} \tag{2-2}$$

です。ただし微分をいちいち分数の形で書くのは邪魔臭いので、簡単な書き方として、ここに書いているように $(...)'$ と書くこともあります。

先生からの一言

授業の最初に復習として、1週間前に授業した大事な点を数式の形で書くことにしました。ここに書かれていることを少し不安に思う人は、1時間目の第1章を少し斜め読みしてみてください。思い出すのも大事です。

2.2　積分

今回の授業の目的は微小量の魅力を伝えることであり、具体的には多種の微分方程式を解くことです。微分方程式は微小量（ミクロの量）の間の関係を与えています。その方程式を解くという意味は通常の大きさの量（マクロの量）の間の関係を導くことです。そのための方法として、微分の逆操作である積分の概念を導入したいと思います。その過程で便利な関数は寿命の議論の際に現れた指数関数なので、その理解をしたいと思います。したがって、**2 時限目の理系の言葉は積分と指数関数です**。この微分の逆操作である積分をすることが微分方程式を解く方法であり、指数関数のような普通には見かけない関数が登場するゆえんです。

積分の説明をします。まずは積分は何を意味しているかを図 2.1 を見ながら説明しましょう。積分は次の式のように書きます。

$$\int_a^b f(x)dx \tag{2-3}$$

この式を言葉で表現すると「x の関数である $f(x)$ を a から b まで積分する」となります。$\int$ は英語の integral（インテグラル）の頭文字から来ています。積分は次の式 2-4 に書くように微小量の足し算として定義されています。

$$\begin{aligned}\int_a^b f(x)dx &= \sum_{i=0}^{N} \Delta x f(a+i\Delta x) \\ &= \Delta x \times [f(a)+f(a+\Delta x)+f(a+2\Delta x) \\ &\quad +...+f(b-\Delta x)]\end{aligned} \tag{2-4}$$

このように書くと図 2.1 にあるように、関数 $f(x)$ を x が a から b まで細かく Δx の幅で N 個の短冊に切って出来

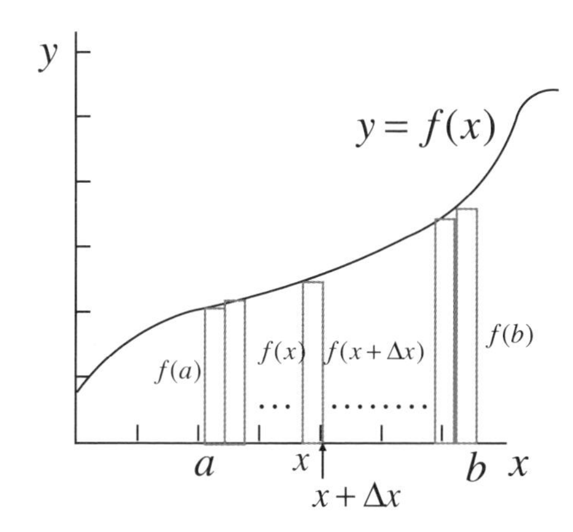

図 2.1 積分の定義は $f(x)$ という x の関数と $x = a$ および $x = b$ の直線で囲む面積である。関数 $f(x)$ が変化している時にはその面積を Δx 刻みの短冊に切って足し合わせたものとして表現される。

る小さな $f(x) \times \Delta x$ の面積の短冊をすべて足し合わせるということになっています。つまりは $f(x)$ の曲線と x 軸の間の空間を $x = a$ および $x = b$ の直線ではさんだ面積を表しています。この Δx の値をどんどんと小さくしていくと正確な積分値が計算できます。コンピュータを使うとそのことがよくわかります。プログラミングの言語であるフォートランやC言語を知っている人はやってみると良いと思います。

「積分は足し算ですか？」

読者：積分は足し算ですか。その意味では微小量を沢山足し合わせると、普通の大きさの量になるというのはわかる気がしますね。
先生：何か神妙なコメントですね。
それでも、このように自分なりの感覚をつけて行くのは大事なことだと思います。

面白い話があります。積分は難しく、ちょっとでも複雑な関数の積分をしたいと思っても紙と鉛筆では計算出来ません。そこで、コンピュータがない時代には均質な紙を用意し、そこにその関数のグラフを描き、全体の重さと面積を量った後で、積分の部分を切り取りその切り取った紙の重さを量ります。その重さと全体の重さの比と知りたい面積と紙全体の面積の比は変わらないので、その関係を使って積分の大きさを出しました。コンピュータを使うと、その代表的な方法であるモンテカルロ法（この方法は確率的な概念を使うのでモンテカルロという呼び名が付いています）ではその部分にあたる確立を計算して、全体の面積にその確立をかけることで面積を導出します。まさしく、積分の定義通りにコンピュータでは計算します。

2.3　積分は微分の逆操作

積分は微分の逆操作になっていることを理解したいと思います。積分を計算するために必ず知っておく必要がある事柄です。そのことを証明するには $f(x)$ を a から x まで積分した x の関数 $F(x)$ を微分してみましょう。そ

の結果がもとの $f(x)$ になれば積分は微分の逆操作であるということの証明になります。ここで $f(x)$ を積分した関数を大文字の $F(x)$ と書いたのは大文字の $F(x)$ と小文字の $f(x)$ は関係がありますという気持ちからきています。この証明は積分の定義と微分の定義をうまく併用すればすぐに理解できます。図 2.2 を見てください。積分した関数である $F(x)$ の x 微分の定義は

$$\frac{\Delta F(x)}{\Delta x} = \frac{F(x+\Delta x) - F(x)}{\Delta x} \tag{2-5}$$

です。そうすると積分の上限を $x+\Delta x$ までとって計算した面積から積分の上限を x までとった面積（網かけ部分）を引き算した結果を Δx で割り算すれば良いことになります。したがって、図 2.2 に示したように、ある関数 $f(x)$ を a から $x+\Delta x$ まで積分した面積から a から x の間で積分した面積を引き算した微小な面積は $f(x)\Delta x$ となり、それを Δx で割り算するその関数 $f(x)$ になります。これが積分と微分は逆操作の関係にあるという意味です。つまりは、その積分した関数 $F(x)$ を x で微分すると次のように書けます。

$$\frac{dF(x)}{dx} = f(x) \tag{2-6}$$

積分の結果がまた x の関数になるように、次のように上限の所に x を入れます。

$$\int_a^x f(x)dx = F(x) - F(a) \tag{2-7}$$

もしこの書き方が x が積分の変数としてと積分の上限として入っているので、訳がわからないと思う人がいるかもしれないので

$$\int_a^x f(x')dx' = F(x) - F(a) \tag{2-8}$$

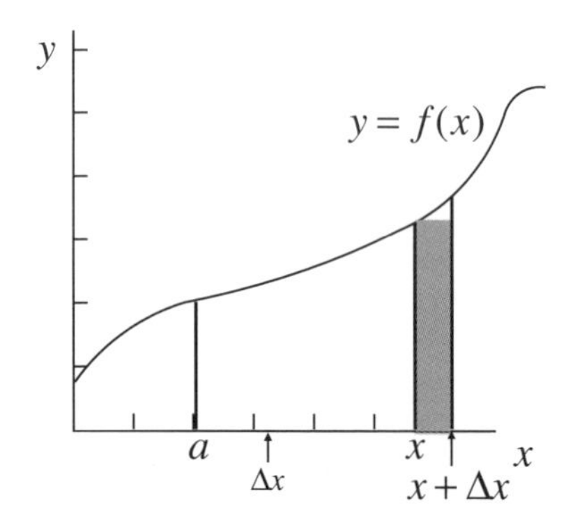

図 2.2　積分の微分は図にあるように a から $x+\Delta x$ の間で積分した値から a から x まで積分した値を引き算した網かけで表示している部分の面積を Δx で割り算したものになります。実際の面積と網かけで示した面積が少しずれているように見えるのは Δx をもっと小さくとると一致してきます。

のように書いても良いです。積分で現れる変数 x や x' は関数 $f(x)$ がその変数の関数になっているものをその変数で積分するという意味なので、積分に現れる変数は x でも x' でも好きな変数の取り方で良いということになります。さらには、上限と下限を書かないで次のように書く場合もあります。

$$\int f(x)dx = F(x) + C \tag{2-9}$$

この上限と下限を書かない積分を不定積分と呼びます。さらに、このCのことを積分定数と呼びます。この時の

$F(x)$ と $f(x)$ は微分の操作で結びつきます。

$$(F(x))' = f(x) \tag{2-10}$$

積分を計算するのは大変です。したがって、いつでもこの積分は微分の逆操作であるという関係式（2-10）を使います。

「$F(x)$ と $f(x)$？」

読者：$F(x)$ と $f(x)$
なにそれ！
積分の中に別の変数を書くのもわかりにくい。
慣れることかな。
先生：はい慣れてください。この辺りの式の書き方に慣れるのが早道です。

積分の練習をします。そのためには式（2-9）、（2-10）の公式集の関係をチェックすることにしましょう。

$$(x)' = 1 \quad \rightarrow \quad \int 1dx = x + C \tag{2-11}$$

$$(x^n)' = nx^{n-1} \quad \rightarrow \quad \int x^n dx = \frac{1}{n+1}x^{n+1} + C$$

この書き方を上の式を見ながら説明します。「$(x)' = 1$ なので、1 の積分は $x + C$ となる。なぜならは $x + C$ を微分したものは 1 になるからである」というように読んでみてください。その意味では積分の答を出すというのは、ある程度の想像から答えを書き、それを検算するのにその答えの微分を使って、積分の中に書いてある数式が出てくれば正しい積分の答であるということがわかるという感じです。

「積分は微分の逆操作？」

読者：上の方の式はこのように考えているのですか？
x を微分すると1なので、その逆操作である1を積分すると x になり、積分には積分定数をつけるので答えとして $x+C$ となる。
先生：その通りです。
もう一つの方の式も同じようにやってください。

一応は積分はどのように計算するかはわかってもらったかと思います。次には積分の答えは微分の逆操作から求めることを使うと、微分方程式を解くということは積分をするということだと理解できると思います。そこで1時限目に導入した寿命の微分方程式を解いてみたいと思っています。そのためにまずはもっと簡単な微分方程式を解く練習をしたいと思います。

問題　次の微分方程式を解いて下さい。ただし、積分定数 C を使って解を表現して下さい。

$$\begin{aligned} \frac{dy}{dx} &= 3 \qquad (2\text{-}12) \\ \frac{dy}{dx} &= 3x \\ \frac{dy}{dx} &= x^2 \\ dy &= 3dx \\ dy &= xdx \end{aligned}$$

この際に上に書いた公式を使ってほしいと思います。

読者が自分で答えを出してほしいので、一番上の問題の解き方だけを書いておきます。x を微分すると1とい

う関係 $x' = 1$ を使うことで $\frac{dy}{dx} = 3$ は次のように解くことができます。

$$y = 3x + C \tag{2-13}$$

その答えが正しいことのチェックは右辺を x で微分します。

$$(3x + C)' = 3 \tag{2-14}$$

これでは C は決まらないのでまだ不満と思うかもしれないので、それを問題の中に付け加えておきます。たとえば、$x = 0$ のときに $y = 5$ であるとすると、

$$y = 3x + C \tag{2-15}$$

に $x = 0$ を代入すると $y = C$ となる。問題では $x = 0$ で $y = 5$ であるとしているので、$C = 5$ であり、解は

$$y = 3x + 5 \tag{2-16}$$

になります。

微分と積分の関係はわかってくれたと思います。さらには微分方程式を解くというのは、結局は積分をするということも少しは理解できたかもしれません。したがって、一般的な微分方程式を解く前に少し微分の練習をすることにします。

「どこまでやれば理系の言葉がわかるの？」

読者：ふーん、小さい量を積分すると大きな数字になるのか。微分方程式を解くというのは積分するということですよね。
一番上の問題の時には、y を x で微分したら3になるので、y は3を x で積分すれば求められるということになりますね。積分したので積分定数の C をつけておくと正解ということになりますね。
先生：素晴らしい考察です。いうことありません。
読者：やることはやったけどどこまでやれば理系の言葉がわかるの？
先生：この辺りの積分や微分に抵抗がなくなるとそれで大進歩ですが、出来るならばもう少し、我慢してつきあってください。せめて指数関数の意味などがわかると良いですね。
私がまずはわかってほしいのは寿命の方程式を求めることです。そこまではぜひつきあってください。

問題　次の微分を求めて下さい。

$$
\begin{aligned}
(3x+2)' &= 3 \qquad (2\text{-}17)\\
(5x^2+x+3)' &= 10x+1\\
((3x+2)^2)' &= 2(3x+2)\times 3 = 18x+12
\end{aligned}
$$

最後の計算だけは少し説明が必要だと思うので少しゆっくりと説明します。言葉で表現するとまずは $z=3x+2$ と書くことにします。そうすると、関数形は z^2 となります。この関数を z で微分すると $2z$ となります。さらにこの z を x で微分する必要があるので、$\frac{dz}{dx}=3$ です。した

がって

$$((3x+2)^2)' = 2(3x+2)(3x+2)' = 18x+12 \quad (2\text{-}18)$$

となります。これは一般的には次のことをやったことになります。

$$\frac{dy}{dx} = \frac{\Delta y}{\Delta x} = \frac{\Delta y}{\Delta z}\frac{\Delta z}{\Delta x} \quad (2\text{-}19)$$

これを言葉で言うと、y を x で微分するときに、y をまずは z で微分をし、次にその z を x で微分したものをかけ算しておく。このように計算しても結果は、直接計算するのと変わらないということです。

「ちょっと違うようにやってみよう」

読者：ふーん！　私なら違うようにやるけど。
まずは $(3x+2)^2 = 9x^2+12x+4$
そしてこれを x で微分すると
$18x+12$
あ、一緒だ !!
ちょっと疑問だったけど、自分でチェックできた！
先生：確かにそうですね。正しいです。
このように好奇心を持って自分でチェックするといろんなことが納得できると思います。

この方法は便利なので、もう少し練習したいと思います。次の関数の微分を求めて下さい。

$$y = (5x^3+3)^2 \quad (2\text{-}20)$$
$$y = (x^2+1)^5$$

これで少し複雑な関数の微分もできるようになったでしょうか。

「とにかく自分で手を動かしてみて」

読者：これは自分でもやれそうだけど、
計算してから誰かにチェックしてもらおう !!
先生：理系の友達に勇気を出してノートを見てもらってください。
この辺りまで授業で教えていて、質問を受けた経験からこの x や y のようなある数字を代表して表現した変数（文字）をどのように計算するかというあたりに慣れていない人が結構いるという思いです。出来るだけ自分で手を動かしてみてください。
その時に何回間違っても良いです。とにかく自分でやりながら、自分はどのように考えているかを見つけることです。それと、一般に数学で定義している万人が使っている概念が一致しているかを知る必要があります。とにかく手を動かしてみてください。
正解かどうかは二の次です。

2.4　指数関数

さて、寿命の問題や一般的に微分方程式を解く場合にもっとも重要な関数である指数関数を導入します。e^x と書く関数です。e（イー）の x（エックス）乗と読みます。ひょっとしてこの関数が理系と文系を分ける、よそ行きの顔をさせているものかもしれません。この指数関数の面白くてすごいのはこの関数を微分したものは自分自身であることです。この性質があることで、指数関数は微分方程式を解く際には必ず登場する重要な関数であるという理由です。ここで e はある特別な値を持った数字です。オイラー数とも呼びます。指数関数の微分は次の式で表現されます。

$$\frac{d}{dx}e^x = e^x \tag{2-21}$$

x の関数を微分すると自分自身の関数であるということを言っています。したがって、オイラー数 e はこの性質を持つような値を選ぶことになります。この e は特別な数字で $e = 2.7...$ というような非常に変な数字です。この性質を持っていることから微分方程式を解く際には、何度も何度も指数関数は登場します。しかし、先に進む前に、この関数が何者なのかを理解しておきたいと思います。そのために実数 x の実数 y 乗である x^y という書き方と、その意味を勉強したいと思います。ゆっくりと行きましょう。

「実数の実数乗と整数の整数乗」

読者：e^x て実数の実数乗ですよね。
x^y の理解を求めているのですよね?
実数の実数乗とはどういう意味ですか。
私が良く見かけるのは 10^3 などのように整数の整数乗ですよね。
先生：微分や積分が最も光り輝くのはこの指数関数の存在です。しかし、この書き方は初めてですよね。ゆっくりと授業するのでなんとかついてきてください。

2.5 べき数の勉強

べき数の勉強を始める前に整数と実数の定義をさせてください。整数は $1, 2, 3...$ のように数を数える時に使う数字です。算数の勉強を始めた時にすぐに登場した数字です。足し算や引き算やかけ算をやっていた時にはこの整数だけで十分でした。ところが割り算を導入した際に割り切れないような場合がありました。たとえば $10 \div 4$ の計算をする時は答えは整数では表現できませんでした。この答えは2.5なのですが、このように小数点を伴うような数字を実数と呼びます。割り算を計算しだしてから算数もややこしくなってきたという印象を持っておられる方も多いかもしれませんが、それは実数の登場が原因です。

x^y のような実数の実数乗を理解するために、まず最初にべき数（数字の上に数字を書いてある数）を理解することにしましょう。そのために、ある数字の何乗という言い方を理解することにしましょう。整数の整数乗という場合を議論してみます。たとえば、

$$10^2 \quad = \quad 10 \times 10 = 100 \tag{2-22}$$

ですよね。10を2回かけるという意味です。これが、べき数の約束です。さらには10の2乗と表現します。これくらいなら、10×10 と書くだけで良いですよね。何もわざわざ 10^2 と書く必要はないですよね。しかし、これならどうでしょう。

$$2^5 \quad = \quad 2 \times 2 \times 2 \times 2 \times 2 = 32 \tag{2-23}$$

ここでは2を5回かけ算しています。これくらいになってくると 2^5 と書く方が便利ですよね。たとえば1億という数字を表現するのに、$100,000,000$ と書くと0の数がいくつかを数える必要があります。それよりは 10^8 と書く方がもっと短く便利ですよね。1の下に0が8こある数字

ということになります。理系の人たちはべき数を使います。しかし、文系の人たちが多い場合には、$100,000,000$ の方を使う場合の方が多いようです。10^8 と書く方がかっこ良いかもしれません。文系の人もこれからは 10^8 のように書いてみませんか。

「べき乗の書き方は便利！」

読者：確かに、べき乗の書き方はかっこ良いかも。機会があれば、使ってみることにします。
理系の人：本を書くときに今後べき数でかけたらよいのになあ！
先生：これで、理系と文系の距離はかなり近づくと思います。

それではべき数の持つ面白い規則を見つけましょう。

$$2^{2+3} = 2^2 \times 2^3 = 32 \qquad (2\text{-}24)$$

は 2^5 を 2^{2+3} と書くことができることを示したものです。それでは

$$2^{6-1} = 2^6 \times 2^{-1} = 32 \qquad (2\text{-}25)$$

までいくと、2^5 を $\frac{2^6}{2}$ と表現できると言っています。非常に興味深いです。

「日常生活と少し違った世界かな」

読者：べき数というのは面白い性質を持っていますね。
$n^{a+b} = n^a \times n^b$ になるのですね。指数の所では足し算で表現されているのが、二つに割る段階でかけ算に変わるのですね。これは、これまでの数字の計算とは少し違っている世界ですね。
先生：はいそうですね。このべき数の計算は日常生活にはあまり登場しませんね。

ということは

$$2^{-1} = \frac{1}{2} \tag{2-26}$$

ですよね。べき関数で指数に負の整数が入っているときには割り算になるということのようです。すると、べきが0の時も次のように書けることが理解出来るでしょう。

$$2^0 = 2^{1-1} = \frac{2}{2} = 1 \tag{2-27}$$

ここまでで、2^n の意味がわかってくれたと思います。ただし、この n は負や 0 も含むすべての整数です。2^n のグラフを描いてみます。その結果が図 2.3 に描かれています。

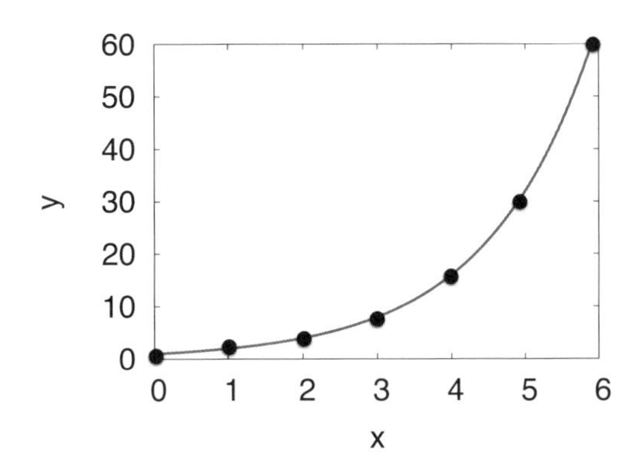

図 2.3 2^n を $n = 0, 1, 2, 3...$ という整数を横軸にとって計算した結果が黒丸で描かれています。それらの点を実線でスムースにつないだ曲線も実線で描かれています。

「べき数で書くと理系っぽい」

読者：べき数は便利ですね。10^{10} なんて書くと理系みたい！ それと、2^{-3} なんて書けば、2^3 で割り算することになるなんて本当にべき数は便利ですね。
先生：かけ算と割り算を統一したような書き方ですね。
かけ算は九九の勉強で早い時期に教えてもらいましたが、割り算はちょっと苦手という人もこのべき数を使うとわかりやすいかもしれませんね。

ここまでで、整数 n の整数 m 乗である n^m を導入しました。例として図 2.3 では 2^n が描かれています。さらに、この関数で m という整数を x という実数にまで拡張したいと思います。整数だけで描かれた関数の途中をつないで行けばスムースな曲線になります。それも図 2.3 の中に実線で描かれています。その上でチェックのために指数関数の演算が出来る（理系の）卓上計算機で 2^x を計算してみましょう。この曲線のような結果になることをチェックできるはずです。一応は理系の卓上計算機を使ってみると、これで良いような気がしてもらえると思います。この事実をこの本ではもう少し掘り下げることにします。そのために次のべき数を考えましょう。

$$2^{0.5} = 2^{\frac{1}{2}} \tag{2-28}$$

$2^{0.5}$ はれっきとした実数が指数部に現れています。この $0.5 = 1 \div 2 = \frac{1}{2}$ なので上式の右辺は $2^{\frac{1}{2}}$ と書かれています。この数字を 2 乗してみましょう。すなわち、次の式のようになります。

$$2^{\frac{1}{2}} \times 2^{\frac{1}{2}} = 2^{\frac{1}{2}+\frac{1}{2}} = 2^1 = 2 \tag{2-29}$$

したがって、$2^{\frac{1}{2}}$ はそれを 2 乗すれば 2 になる数字になります。この 2 乗すれば 2 になる数字は平方根と呼び数学では $\sqrt{2}$ とも書かれます。$2^{\frac{1}{2}}$ の指数にある $\frac{1}{2}$ は整数ではなくて実数です。したがって、n^x という整数の実数乗までべき関数の概念を広げたことになります。このような議論を繰り返して、整数の実数乗を認めたいと思います。したがって、この図 2.3 の横軸がすべての実数 x で使うことにします。理系の卓上計算機でチェックしてもらうとこの整数の実数乗は使っても良いことがわかると思われます。

「平方根もべき数で書けるのですね」

読者：整数のべき乗は便利ですね。
これまで平方根は$\sqrt{2}$（ルート2）や$\sqrt{5}$などのように特別の記号を使っていました。それらもべき数として表現できるのですね。すなわち、

$$\sqrt{2} = 2^{\frac{1}{2}} \quad (2\text{-}30)$$
$$\sqrt{5} = 5^{\frac{1}{2}}$$

と書けるのですね。これは便利ですね。
先生：確かにそうですね。指数の概念がわかってくると、平方根のような数字も割り算して出てくるような実数も同じように表現できますよね。

さらには、この例を使いながら実数の整数乗を導入してみましょう。先ほどはこのような数式を書きました。

$$(2^{\frac{1}{2}})^2 = 2^1 = 2 \quad (2\text{-}31)$$

であり、$2^{\frac{1}{2}}$は1でも2でもない2乗すれば2になる数字です。この数字$2^{\frac{1}{2}} = \sqrt{2}$も実数です。したがって、$(2^{\frac{1}{2}})^2$は実数の整数乗ということになります。これで実数の整数乗も我々のべき数として使って良いことになります。さらにこの議論を進めて行けば、最終的には実数の実数乗が定義できることがわかります。このような考察からx^y、つまりは実数xの実数y乗も良いようです。

整数の整数乗がべき乗の定義だったのですが、実数の実数乗までべき数が拡張されました。もちろん、実数の実数乗の正確な数字は理系の卓上計算機を使わないと計算できません。

「数学は自分が納得できたら便利な道具」

読者：ここで書かれているべき数の議論はわかった気もするけど、ややこしい話ですね。
それでも一つずつじっくりと見るとすべてそれなりにわかるものですね。
数学を使うというのは自分が納得することですね。
先生：本当にそうですね。理詰めなのです。だから自分でそれで良いというチェックさえしておけば、数学は論理を展開するのに非常に便利な道具となります。
このチェックは一度だけで良いです。これで良いのだと自分が納得できれば次からは便利な道具として使って行けば良いのです。
間違っても良いので、手を動かしてみてください。この本にはそのための余白がいっぱい用意されています。

これでやっと準備ができました。実数の実数乗というべき数が使えることがわかった段階で、e をこれから求める適当な実数だとして次式のような関数を考えます。

$$y = e^x \tag{2-32}$$

と書く数字を考えることができます。この際に e は今のところは適当な実数とだけ言っておきます。オイラーはこの適当な実数にある条件を加えることで、e に特別な数字を当てはめました（こんなことを考えるオイラーは本当にすごい人ですね）。

オイラーは e^x の x の関数の微分について特別の条件をおきました。つまりは、その関数を微分すれば自分自

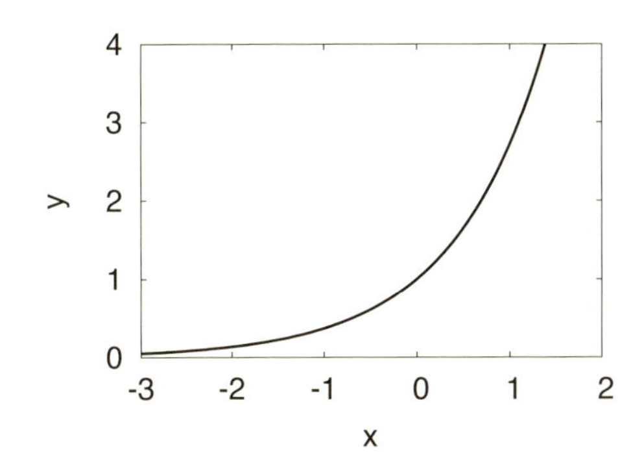

図 2.4　$y = e^x$ のグラフです。$x = 0$ では $y = 1$ であり、$x = 1$ では $y = e = 2.71...$ であることがグラフから読み取れると思います。

身になるという条件です。

$$(e^x)' = e^x \tag{2-33}$$

これは定数 e の定義式だと言っても良いです。式 2-33 を微分を定義にしたがって書いてみると

$$(e^x)' = \frac{e^{x+\Delta x} - e^x}{\Delta x} = \frac{e^x(e^{\Delta x} - 1)}{\Delta x} = e^x \frac{e^{\Delta x} - 1}{\Delta x} \tag{2-34}$$

となります。ここで、$\frac{e^{\Delta x}-1}{\Delta x}$ は e という未知の実数には依存するが、変数 x にはよらない数字です。この議論の仕方で注意すべきなのは Δx は微小量であり、非常に小さな値であるということです。したがって、この値が 1 になる場合の e を求めることになります。この e（イー）をオイラー数（ネイピア数）と呼ぶことになります。実際にその数字を

$$\frac{e^{\Delta x} - 1}{\Delta x} = 1 \tag{2-35}$$

という e の定義式を使ってコンピュータで計算してみると、その値は $e = 2.71828...$ になります。この際の Δx は微小量です。だから自分で計算する際にはこの Δx にどんどん小さな数字を入れて計算すれば、自分の計算した数字と本に書いてあるオイラー数がほぼ一致することを調べることが出来るでしょう。このようにして e の値が決まっているので、ほとんど覚えられないような数字になっています。科学計算の卓上計算機を見ると e^x という演算のキーがあります。自分で e の値を知るためには、科学計算の卓上計算機で $x = 1$ を入れると良いのでぜひ自分でその数字を確認してください。

「微分してももとに戻る関数？」

読者：微分してもその答えはもとの関数と同じになる。
そんなことが出来るのですか？
先生：それが e^x という関数であり、e は特別な数字なのですね。オイラーてすごい人ですね。こんなことを考える人がいるのですね。
読者：ちょっと待ってください。
e を求めるのにコンピュータを使えば良さそうですね。
確かに、適当な数字を e の所に入れて、非常に小さな数字 Δx を入れて計算し、どんどんと e の値を変えながら $e^{\Delta x}$ を計算していって、$\frac{e^{\Delta x}-1}{\Delta x}=1$
になる e を決めれば良いのですね。
やってみよう !!
先生：是非やってみてください。コンピュータを使う良いチャンスだと思います。微小量という概念もわかってもらえるのではないかと思います。

この授業の最後に非常に有用な微分公式を書いておきます。e^x の a 乗を行うと e^{ax} という関数が出来ます。

$$(e^x)^a = e^{ax} \tag{2-36}$$

この関数を x で微分したいと思います。このままでは $(e^x)' = e^x$ をそのままで使えないので、まずは $z = ax$ とおいて $\frac{dy}{dx} = \frac{dy}{dz}\frac{dz}{dx}$ の公式を使います。

$$\frac{d}{dx}e^{ax} = \frac{de^z}{dz}\frac{dz}{dx} = e^z a = ae^{ax} \tag{2-37}$$

この関係式があるので、理系の現実的な問題のほぼ半分くらいの微分方程式の解は指数関数で表現されます。

レポート問題2

- べき数の問題（計算機やコンピュータを使っても良い：誰と相談しても良い：教える、教えられる勉強も非常に大事です）

$$
\begin{aligned}
2^3 &= \\
2^0 &= \\
2^{-3} &= \\
10^3 &= \\
10^{1.5} &= \\
2^{2+3} &= \\
3.5^{2.3} &=
\end{aligned}
$$

- 微分の計算

$$
\begin{aligned}
((x^2+3)^2)' &= \\
((3x)^3+3)' &= \\
(e^{-3x})' &= \\
(10e^{-2.5x}+3x)' &= \\
(e^{5x})' &= \qquad (2\text{-}38)
\end{aligned}
$$

（最後の2つの問題に現れる指数関数の微分には $(e^{ax})' = ae^{ax}$ を使ってみてください）

- 次の微分方程式を解け (積分の不定定数として C を使うこと)。

$$\begin{aligned}\frac{dy}{dx} &= 3x \\ \frac{dy}{dx} &= x^2 + 5\end{aligned}$$

- 授業の進め方や内容への希望のコメントを好きなだけ書いてください (次の授業の最初に集めます)。

本の読者に

2 時限目でかなりの概念を導入しました。ちょっと疲れたことでしょう。授業では何度も学生からの質問を受けて何度も立ち止まりながら、最後の指数関数の微分にまで到達しました。微分方程式は簡単な微小量の間の関係式です。そこから、通常の関数を得るには微分方程式を解く必要があります。その手段が積分するということですが、そのためにはいくつもの定義（約束事）を知る必要があります。約束事なので仕方がないということで、何度もそれを使う練習をしながら習得してほしいと思います。少なくとも、そのような式が書かれても、何を言っているのかはわかるくらいの所まで持っていってほしいと思います。ゆっくりとコーヒーを飲みましょう。一息つきましょう。

==================================

コーヒータイム

2時間目は積分と指数関数を導入しました。これらの概念は理系の言葉の中心に位置していると思います。積分は微小量を沢山足し合わせることで、ある程度の大きさの数字にするための道具です。指数関数は非常に特殊な関数で、そのように書かれた数字を微分しても積分してもまったく同じ数字で書けるという特殊な関数です。このような関数を見つけたオイラーは本当にすごい人だと思います。それと、私が文系の人にわかってほしいと思っているのは、微分の概念にあわせて、積分と指数関数だということを強く認識しました。

3時間目以降は実際の微分方程式を解いて行きます。とくに重要なのは一番最初に議論した放射性物質の寿命の方程式です。それがわかってから、さらにニュートンの方程式を使っていくつかの新しい微分方程式を導入し、それを解いてみます。その時にオイラーが導入した e^x という関数は強烈な威力を発揮します。

ここまでで、かなり疲れたと感じる人もいるかもしれません。この先、さらに勉強するには少し勇気が必要だと思う人もいるかもしれません。しかし、この2章まで来た人はすっかり、理系の言葉の成り立ちを習得した人だと思います。

==================================

e^x は e^x で　出来ている？

図 2.5　実数の実数乗

第3章　微分方程式を解く（3時限目）

3.1　復習：指数関数の微分

非常に有用な微分として次の指数関数があります。

$$\frac{d}{dx}e^{ax} = ae^{ax} \tag{3-1}$$

この関係式があるので、実際的な現象のほぼ半分くらいの微分方程式の解は指数関数で表現されることになります。

「e^x はすごい関数なんだ」

読者：e^x てすごい関数ですね。
これを微分しても e^x ということは微分しているので傾きがその位置での関数の値になっている。
すごい関数を数学者は見つけるものですね。
勉強は楽しい !!
先生：本当にそうですね。すべてオイラー先生のお陰ですね。

3.2　寿命の微分方程式を解く

この本の動機として登場した寿命の微分方程式を解くことにします。**3時限目の理系の言葉は微分方程式を解くこと**です。微分方程式を解くという意味は微小量（Δx や Δt）の間の関係式である微分方程式からそのマクロな量である x や t の関係式を求めることです。この微分方程式はその解が指数関数で表現されるもっとも単純な場合です。寿命の微分方程式は第 1 章で登場しましたが、次のようになっています。

$$dN = -\lambda N dt \tag{3-2}$$

粒子数 N の微小時間 Δt の間での変化量 ΔN は粒子数とその粒子に固有の寿命を表す λ に比例するという微小量の間の関係を与える式になっています。繰り返して言いますが、dN や dt はそれぞれの微小量である ΔN や Δt と同じものであることを頭に入れておいてください。大事なのはこれらの記号は非常に小さな量であるので dt で割ろうとかけ算しようと小さいながらも数字なのでいつもの通りの演算が可能であるということです。

寿命の微分方程式はこれまで練習問題で解いてきた微分方程式とは様子が違います。これまでは右辺の N の代わりに t の簡単な関数が入っているような方程式を解いてきました。この場合は微分と積分の概念を知っているだけで解を求めることができました。寿命の微分方程式は微分した関数（dN）がまた自分自身の関数（$-\lambda N dt$）で書けているので、まとめで書いた指数関数（3-1）を使うとうまく行きそうな感じがします。係数の λ を除いて指数関数的な解を持つことがわかります。したがって、λ を扱うことを頭に入れて、解（N）の形を $e^{\alpha x}$ だと予測して方程式を解く方法が使えそうです。

微分方程式の解は $N = e^{\alpha t}$ の形をしているとします。ただし α はわからないので、微分方程式から決定することにします。この解法は良く使うので頭に入れておいてほしいと思います。

「微分方程式を解く？」

読者：微分方程式を解くというのは微小量を大きな数字で表現する操作だということで、積分するということですね。
積分は常に難しいので、むしろ解の形を知っていてその時に使ったパラメータの値を微分方程式から決めると考えればなんとか解けそうですね。
先生：それで良いと思います。

そうすると

$$\frac{dN}{dt} = \frac{de^{\alpha t}}{dt} = \alpha e^{\alpha t} \tag{3-3}$$

なので、この関係式を微分方程式に代入すると次の関係式を得ることができます。

$$\alpha e^{\alpha t} = -\lambda e^{\alpha t} \tag{3-4}$$

両辺に $e^{\alpha t}$ が入っているので、その関数で両辺を割り算することが出来ます。

「関数で割り算する？」

読者：ちょっと待ってください！　関数で両辺を割り算するとはどういうことですか？
先生：確かにこの言葉は初めてですね。確かに $e^{\alpha t}$ は t の関数です。それと同時に α や t に適当な数字が入ると $e^{\alpha t}$ も適当な数字になります。したがって、両辺を適当な数字で割り算するということになるので、これはやっても良いですよね。

したがって、$\alpha = -\lambda$ なら両辺は等しくなります。素晴らしいですね。α の値が決定できたことになります。このことから微分方程式の解は $N = e^{-\lambda t}$ となります。ところで、これは特別な解であり、この解を何倍しても微分方程式の解になるということを証明することが出来ます。すなわち適当な数字 N_0 をこの解にかけた関数を用意します。

$$N = N_0 e^{-\lambda t} \tag{3-5}$$

この N_0 を含んだ解が微分方程式を満足しているかどうかのチェックをしましょう。微分方程式にこの $N = N_0 e^{-\lambda t}$ を代入すると

$$(\text{左辺}) = \frac{dN_0 e^{-\lambda t}}{dt} = N_0(-\lambda)e^{-\lambda t} \tag{3-6}$$

となります。右辺は $-\lambda N_0 e^{-\lambda t}$ と書けているので、両辺が等しいことを証明できます。後は N_0 の値を知れば完全にすべてを決定したことになります。この N_0 は初期値から決めます。$t = 0$ の時に $N = 100$ だとすると、解は $N = 100e^{-\lambda t}$ と書くことができます。

「N_0 ってなんですか？」

読者：どうしてここで N_0 のような添字のついた変数を使っているのですか。

先生：この数字は初期値によって決まる数字なので、N_0 と0という添字を使っています。指数関数の x の所に0を入れた数字は $e^0 = 1$ なので、N_0 は時間が0の時の粒子数というような感覚ですね。

さらに λ を実際の場合に計算してみましょう。たとえば、最初の授業でレポートしていただいた半減期が10日の放射性物質の場合の λ は $t = 10$ 日で半分になるので

次の式が成り立ちます。

$$\frac{1}{2} = e^{-\lambda \times 10} \tag{3-7}$$

の方程式で、λ を求めることになります。この方程式は指数関数の上のところの指数に未知数 λ が入っているので、この関係から λ を得るには少し勉強する必要があります。そこで指数関数が存在するのでその逆関数である対数関数を導入することにします。つまりは、単純に $\log_e x$ は e^x の逆関数であると定義しておきます。すなわち

$$y = e^x \tag{3-8}$$

の時は

$$x = \log_e y \tag{3-9}$$

と書くことにします。これが対数関数の定義だと言えます。したがって、

$$\log_e e^x = x \tag{3-10}$$

となります。このように定義された対数関数は興味深い関係式を持っています。指数関数の逆関数ということでいくつかの関係式を書くことが出来ます。指数関数の重要な性質は指数の足し算は指数関数のかけ算になります。

$$e^{a+b} = e^a \times e^b \tag{3-11}$$

このような関係があるときには、その両辺の対数をとると

$$\begin{aligned} (\text{左辺}) &= \log_e e^{a+b} = a + b \qquad (3\text{-}12) \\ (\text{右辺}) &= \log_e (e^a \times e^b) = \log_e e^a + \log_e e^b = a + b \end{aligned}$$

上の関係を計算する際に

$$\log_e(x \times y) = \log_e x + \log_e y \tag{3-13}$$

という関係が成り立つことを仮定して計算しました。その結果両辺が一致したので、この仮定した関係式は成り立つことになります。

「本当にゴメンナサイ」

読者：指数関数を導入したと思ったらその逆関数の対数関数も導入する。
確かに微分方程式を解くというのはいろんな関数を知っておく必要がありますね。
練習しておくことにします。
先生：本当にゴメンナサイ。指数関数をうまく扱おうと思うと、それとセットになっている対数関数も登場してしまいます。
対数関数は指数関数の逆関数になっているとはどういうことなのかを、もうちょっと本文で説明することにします。

対数関数は指数関数の逆関数になっていることを図3.1を使って説明します。図では x が正になったとたんに y の値が急激に大きくなる指数関数 $y = e^x$ が描かれています。この逆関数というのは x と y の役割を入れ替えるということになります。つまりは y が正になったとたんに x の値が急激に大きくなる関数ということになります。この関数が $y = \log_e x$ と書かれている曲線です。ちょうど $y = x$ の直線で折り返したような関数になっています。

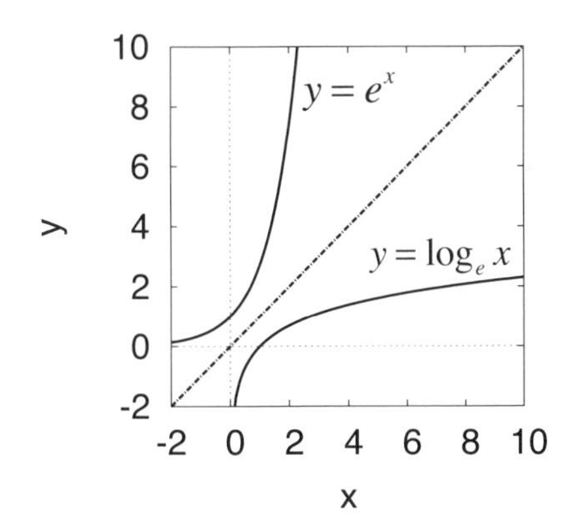

図 3.1　指数関数 $y = e^x$ と対数関数 $y = log_e x$ の逆関数の関係を図示したものである。指数関数と対数関数は $y = x$ の直線で折り返したような関係になっています。

「良い機会かな」

読者：これでもわかりにくい!!
先生：ちょっと理系の人と議論してみませんか。良い機会です。

これらの対数関数の準備をした後で、寿命の問題に戻ると

$$\frac{1}{2} = e^{-\lambda \times 10} \tag{3-14}$$

の解は次のように求めることが出来ます。

$$\log_e \frac{1}{2} = \log_e e^{-\lambda \times 10} = -\lambda \times 10 \tag{3-15}$$

となります。$\log_e \frac{1}{2} = \log_e 2^{-1} = -\log_e 2$ なので

$$\lambda = \frac{\log_e 2}{10} \tag{3-16}$$

となります。したがって、授業の最初に黒板で図を描いた関数の表式は

$$N = 100e^{-\frac{\log_e 2}{10}t} \tag{3-17}$$

何かめまぐるしいことになってきました。指数関数の中にその逆関数である $\log_e$ と書かれる対数関数が入っているし、負のサインも入っている。（やっと、卓上計算機に変な記号がたくさんついている理由がわかって、得をした。無料の計算機ソフトをスマートフォンに入れてみよう !!）このあたりのややこしい計算は理系にまかせておきましょう。

ところで卓上計算機を使うと

$$\log_e 2 = 0.69 \tag{3-18}$$

となっています。したがって、方程式の解（3-17）は

$$N = 100e^{-0.069t} \tag{3-19}$$

となります。これでやっとこの本の導入部で使った微分方程式の解を指数関数を使って表現することが出来ました。後は t に適当な時間を入れるときっちりとした曲線を描くことが出来ます。

「$\log_e x$ は $\ln x$ で $\log_{10} x$ は $\log x$？」

読者：ほんまややこしいわ !!
それでも、電卓にいろんな関数があるのは知っていたけどこのように微分方程式を解いて解を求めるということを経験すると、指数関数や対数関数が登場することはよくわかりました。
先生：確かにややこしいですね。卓上計算機で理系と文系の計算機に違いがあることがわかりますね。結局は理系では微分方程式を扱うための関数を計算する必要があるということですね。
ところで、多くの卓上計算機では $\log_e x$ を $\ln x$ とよく書いてあります。それからよく $\log_{10} x$ も使うので、これも略して $\log x$ と書く場合があります。ややこしいですが、うまく卓上計算機も使ってください。

ちょっと指数関数と対数関数の計算を問題にしておきます。友達に理系の計算機を借りて数字を出してみてください。この際に無料の科学計算用の計算機を携帯や iPad に導入しておくと良いかもしれません。かなり変な数字が出てくるものと思います。

$$
\begin{aligned}
e^{-3.5} &= \\
e^{10} &= \\
\log_e 3 &= \\
\ln 10 &= \\
\ln e^{-3} &= \\
\log_{10} 200 &=
\end{aligned}
$$

これでやっとよく見かける微分方程式を解いたことに

なります。素晴らしいことです。ここまでで微分方程式を解くというのは積分をすることであり、ちょっとその方程式が難しい時には指数関数が解の形になっていることを使って微分方程式を解くことになります。これで、理系の人たちとの距離が少し近づいたでしょうか。ここまで来たのだから、他にも良く見かける微分方程式を導入したいと思います。自然の面白さにも触れることになります。

「少し、慣れてきましたか？」

先生：ここでやっと一息です。
一番最初に導入した放射性物質の崩壊の問題の解を数式で表現することが出来ました。
微分や積分、さらには微分方程式とその解き方を書いてきました。この辺りが理系の人たちが日常やっていることの本質的な所だと思います。
これで、理系の人たちが使っている言葉が理解できるようになったのではないでしょうか。少なくとも逃げる必要はなくなったと思います。

3.3　ニュートンの運動方程式

微小量の間には簡単な関係があることを言ってきました。それは自然現象を記述することが出来る力学において、微小量の間の関係式が与えられているからです。その関係式とは17世紀に登場したニュートンの古典力学です。私は理系の言葉は微分であり、積分であり、指数関数と言いました。確かにそれらは数学の基本的な概念ですが、この概念が自然現象で何度も登場するのは自然の成り立ちがそれらの概念を要求するからです。つまりはニュートン自身もそうですが、ニュートン力学が登場してから微分、積分、微分方程式の多くの性質が多くの研究者によって研究されました。

「ちょっと物理がわかるかも」

読者：ニュートンの方程式！
物理で苦手な所だったけど。良い機会だから少し勉強してみるか。ひょっとして物理がちょっとだけでもわかるかもしれない。
先生：微小量の魅力は自然現象が微小量の間の簡単な関係で表現できる所ですね。ニュートンは自然現象を初めて数学的な方程式で表現しましたが、それは微小量の間には単純な関係があるということでした。だから、一見複雑そうに見える現象でも微小量で表現すると非常に簡単な関係だったということになると思われます。
ニュートンの時代には微分積分という数学は存在していませんでした。
自然現象の理解のために導入したニュートンの方程式の後に、数学が発展したことになります。

物理の基本的な問題をやってみることにします。石を落とした時の運動や、バネの運動を考えてみたいと思うからです。このような簡単な運動を考えるのは、理系の人たちはこれらの自然現象が多くの課題の基礎になっているからです。建物の安定性、船の復元力（転覆しないように立て直す力）などはバネの原理がそのまま使われます。そのために、この本ではこの段階でニュートンの運動方程式を導入することにします。これは古典力学の世界を表現する基礎方程式です。我々が生活する場面で起こる現象を表現する際の基礎方程式です。よっぽど速度が速い現象の問題や、原子 (atom) のように非常に小さな粒子の運動を議論しない限りはこのニュートンの方程式は自然を記述する素晴らしい方程式です。現実を表現する我々のまわりの物質がしたがうべき方程式です。星の運動やロケットの軌道などはこの方程式の教える所です。身の回りに起こっているほとんどの現象はニュートン力学で理解できます。複雑そうに見える運動でも微小の世界に行くと簡単な微小量の間の関係で表現されています。

力学の本を開けてみると、ニュートンの方程式は次の式で書かれています。

$$F = ma$$

この方程式が言っているのは力は質量と加速度の積であるということです。

（力）＝（質量）×（加速度）　　(3-20)

質量は重さのことだからそれなりにわかります。力も感覚的に良くわかります。加速度は運動を表している概念だから、それぞれに意味はわかりますが、ニュートンの方程式はこれらの間に関係があるということになるのです。逸話としては、ニュートンが木からリンゴが落ちるのを見てこの方程式を発見したと言われています。その意味ではニュートンの方程式は身近な現象の自然の成り立ちを教えてくれます。非常に興味深いのはこの方程式はリンゴの問題が記述されるばかりでは無く、惑星が太陽の周りをぐるぐる回る運動も、振り子の振動運動も記述することができることです。

「物事を単純にとらえ、到達した式」

読者：ニュートンの方程式てすごい式なんですね。加速度という言葉は運動に関係するということは知っていました。
しかも、それが物質の質量と物質にかかる力に関係すると言い切ったのはすごいことですね。何か神秘的だけど、定性的にはわかる気がします。確かに自分の力で重い人を押してもほとんど動かないですね。子供が相手なら簡単に動かすことができるのに。
先生：そうですよね。物事を単純にとらえる中で何が本質かを考え、ついにこの簡単な方程式に到達したのですね。

この方程式が微分方程式であることを理解するために、「場所」xと「速度 (velocity)」vと「加速度 (acceleration)」aの関係を数学的にきっちりと定義することにします。微分の概念を学んだので、すべての物理量を微小量の概念で表現します。そうすると微分方程式を得ることが可能になります。まずは速度は物質の場所xの時間変化と定義されます。この関係を場所の微小量Δxと時間の微小量Δtを使って表現します。

$$v = \frac{\Delta x}{\Delta t} = \frac{dx}{dt} \tag{3-21}$$

速度は確かに、行った距離をそれにかかった時間で割り算して計算しますよね。微小量の間の割り算は微分として書けるということを使って2つ目の等号の所の式を書きました。その測定期間に速度が変化している場合には瞬間毎の速度を使う必要があります。それで速度は微小の距離を微小の時間で割り算した量で定義されることになります。速度は場所の時間による微分ということになります。さらには、運動方程式に出てくる加速度はこの速度の微小量である Δv を時間の微小量 Δt で割り算したもので与えられます。

$$a = \frac{\Delta v}{\Delta t} = \frac{dv}{dt} \tag{3-22}$$

加速度は速度を時間で微分するという関係式に速度は場所の時間微分であるということを代入してみます。

$$a = \frac{\Delta \frac{\Delta x}{\Delta t}}{\Delta t} \tag{3-23}$$

見かけない式がでてきました。ことは何を意味するのかを知るためにこれまでの微分の概念を丁寧に書いてみることにします。

$$\begin{aligned} \frac{\Delta \frac{\Delta x}{\Delta t}}{\Delta t} &= \frac{1}{\Delta t}\left[\frac{\Delta x(t+\Delta t)}{\Delta t} - \frac{\Delta x(t)}{\Delta t}\right] \\ &= \frac{1}{\Delta t}\left[\frac{x_{t+2\Delta t} - x_{t+\Delta t}}{\Delta t} - \frac{x_{t+\Delta t} - x_t}{\Delta t}\right] \\ &= \frac{x_{t+2\Delta t} - 2x_{t+\Delta t} - x_t}{(\Delta t)^2} \end{aligned} \tag{3-24}$$

これはちょっと複雑な式になっています。場所の微小な変化を2回計算してそれを時間の微小量の2乗で割り算しています。この分子は微小量の微小量ということで $\Delta^2 x$ と書くことにします。この表現を場所 x の時間 t による2階微分と呼んでいます。したがって、もう一度数学の表現法を使って場所と速度さらには加速度と時間の関係を表現します。

$$v = \frac{dx}{dt} \tag{3-25}$$

$$a = \frac{dv}{dt}$$
$$a = \frac{d^2x}{dt^2}$$

加速度は場所を時間で2階微分する物理量と言います。したがって、ニュートンの方程式は微分方程式です。ニュートンが登場してから微分や積分、さらには微分方程式の数学が作られていったのは基礎方程式が微分方程式だからです。ちょっと順番も変えて、ニュートンの方程式を微分方程式らしく書き換えると次のようになります。

$$\frac{d^2x}{dt^2} = \frac{F}{m} \tag{3-26}$$

これは立派な微分方程式です。この方程式で左辺は場所の時間による2階微分なので運動の様子を表します。右辺はその物質にかかる力 F を質量 m で割ったものです。したがって、運動の様子は同じ力を加えたとしても質量が大きいと運動状態はあまり変化しないということになります。うまく我々の経験を表現している方程式になっています。

「ここから自然を知ることにつながるのですね」

読者：ニュートンの方程式は微分方程式ですか。
力学は自然の法則なので、まさしく微分方程式は自然を知ることにつながるのですね。
なんとかわかりたいですね。
先生：そうなんです。何でも聞いてください。
ニュートンの方程式が扱えるようになると自然を制覇することになります。

まずは力が働かない場合の加速度 a、速度 v、さらには

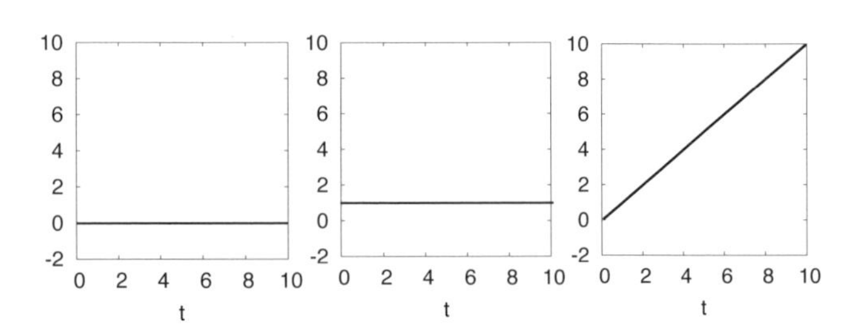

図 3.2　力が働かない場合の加速度 $a = 0$ と速度 $v = 1m/s$ と位置 $x = vt[m]$ を時間 $t[s]$ の関数で図示したものです。力が 0 なので加速度は 0 となります。初速が 1m/s の場合にはその速度は時間とともに変化しません。その速度で動いているので、位置は時間とともに増加して行くことを示してあります。

場所 x のふるまいを議論することにします。力がない場合の運動方程式は、力が 0 なので $F = 0$ でありニュートンの方程式は次のように書けます。

$$0 = ma = m\frac{dv}{dt} \tag{3-27}$$

これでも立派な微分方程式です。簡単な微分方程式ですよね。この微分方程式は次のように書けます。

$$\frac{dv}{dt} = 0 \tag{3-28}$$

この微分方程式の解は

$$v = C \tag{3-29}$$

と書けます。微分方程式はいつでも積分定数といって微分方程式だけでは決まらない数字 C が入っています。こ

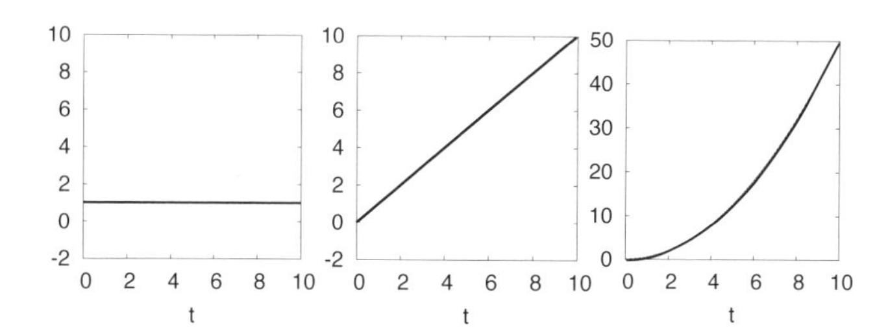

図 3.3 重力のように場所によらない一定の力が働く場合の加速度 $a = 1\mathrm{m/s}^2$ として図示しています。その場合の速度 $v = t\mathrm{m/s}$ と位置 $x = \frac{1}{2}t^2[\mathrm{m}]$ を時間 $t[s]$ の関数で図示したものです。力が働いているので加速度は一定となります。初速が 0m/s の場合にはその速度は時間ととも加速度が有限であることにより一定の率で増加します。その速度で動いているので、位置は時間とともに x^2 で増加していくことを示してあります。

の数字は初期条件で決まります。たとえば時間が 0 の時にその物質は止まっているとすると $v = 0$ です。その時には $C = 0$ と決まります。つまりは、止まっている場合には力が働かないから、ずっと止まっているということになります。次には最初 1m/s で動いているとします。この場合には加速度が 0 で速度は変化しないので、$v = 1\mathrm{m/s}$ という等速度で運動し続けることになります。物質に力が働かない場合にはその物質の速度は一定であるということになります。別の言葉では、物質が運動していればその運動状態を保っているし、止まっている場合にはずっと止まっているということになります。場所はその速度が一定であることを使うことで直線的に増加することになります。この結果を図3.2に示してあります。力が働かない場合にはその物質はそれまでの運動状態を持ち続けるということになります。力学ではかなりのページを使ってこの運動の説明をします。物理の教科書ではよく、ニュートンの第一法則や第二法則という言葉でここに書かれたことが文章で表現されています。ニュートンの方程式は微分方程式だと言ってしまうとすぐにこの状況は理解できますよね。

「少し知っているだけでわかるのですね」

読者：ニュートンの方程式が微分方程式であることと、その微分方程式を解く知識を少し持っているだけで自然の成り立ちを簡単に理解することが出来るのですね。

先生：ニュートンの法則が現代科学の始まりということが出来ます。重力の発見や、惑星の運動、バネの運動などが一つの方程式から導出できることは本当に素晴らしいことですね。

3.4　地球上の物質の運動

次には、力が有限の場合の物理量のふるまいを議論することにします。地球に人が立っている様子を図3.4に描いておきました。地球の中心方向に地球からの引力（重力）で引っ張られているので人はいろんな方向を向いているように見えます。地球上の物質には万有引力の法則が働きますが、地球があまりに大きく、その半径は地球上のどの位置でもほぼ一定で、力が地球の中心方向に物質の質量 m に比例する力 mg の大きさで物質に働いてい

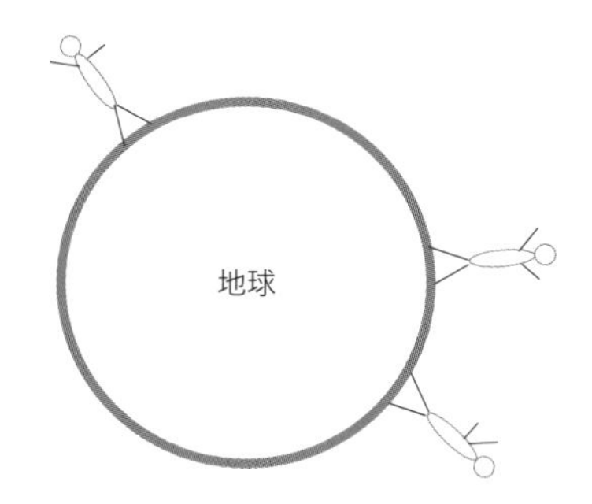

図 3.4 地球上の人間はどの場所にいても自分の足で立っています。このように描いてみると少し変ですね。このようなことが起こるのは我々地球上で生活する人間にとっては地球からの重力が一番大きな力であるからです。地球の中心方向にすべての地球上の物質は引っ張られています。海の水も地球の中心部に引き寄せられていることになります。地球が我々人間や日常生活のスケールに較べて断然大きいので、このように図にしてみると変だと感じることでも現実に起こっていることになります。

ます。粒子の運動の測定をすることによってこの g の大きさが決定されています。g と書くのは重力の英語表現である gravity から来ています。数字としては $g = 9.8\mathrm{m/s^2}$ であるということになっています。したがって、ニュートンの運動方程式は次のように書けます。

$$mg = ma \tag{3-30}$$

したがって、加速度 a は $a = g$ となります。すべての物質は地球の中心方向に加速度 $a = 9.8\mathrm{m/s^2}$ で落下して行くことになります。さらには速度を求めてみましょう。加速度と速度の関係は次の微分で与えられます。

$$a = \frac{dv}{dt} \tag{3-31}$$

$a = g = 9.8\mathrm{m/s^2}$ と与えられているので速度 v を変数とする微分方程式になります。微分方程式の形に書くと

$$\frac{dv}{dt} = g \tag{3-32}$$

となります。非常に興味深い方程式ですよね。すべての地球上の物質は質量によらないで同じ加速度で下方に落下して行くと言っていることになります。これを証明しようとしたのがガリレイの有名なピサの斜塔での実験です。したがって、この微分方程式の解は

$$v = gt + C \tag{3-33}$$

となります。この積分定数 C も初期条件で決まります。もし、最初は動いていなければ、$C = 0$ となり、$v = gt$ がその場合の解になるということです。速度は時間とともに増加するという解になっています。場所はどのようになっているかというと

$$\frac{dx}{dt} = v = gt + C \tag{3-34}$$

なので

$$x = \frac{1}{2}gt^2 + Ct + C' \tag{3-35}$$

となります。ここで新たに導入されている C' も積分定数でこれも初期値で決まります。運動は方向を持ってい

るので、方向のことも意識して、よく物理の教科書ではこれを

$$x = -\frac{1}{2}gt^2 + v_0 t + h \tag{3-36}$$

と書いてあります。すなわち、最初の時間である $t = 0$ の時は物質は $x = h$ の高さにあり、初速度が v_0 の物質は、時間 t の後には上の式で与えられる x の位置にいるということになります。高校時代にはこの運動の式を暗記したのではないかと思われます。もう覚える必要がありません。簡単な微分方程式から導出されます。たとえばどうしてこの式の中に $\frac{1}{2}$ が入っているのかは丸暗記のときには不思議に思ったものです。微分方程式を解いてみると当然の結果ということになるかと思います。この状況を図 3.3 に示しておきます。

「なんで $\frac{1}{2}$ がついていたかわかった！」

読者：たしかに。物体の落下の式の時にこの式はまる覚えしたけど。$\frac{1}{2}$ がついているのはなんでという感じでした。微分方程式という観点で考えると当たり前なのですね。物理が好きな人が何も覚えない理由がわかった気がします。

先生：物理も微分、積分がわかっている人に教える時にはこのように議論するとわかりやすいかもしれません。結局は記憶しておくべき原理（方程式）としてはニュートンの方程式ということになります。

読者：この微分方程式は簡単だし、自分でやっておくのは大事ですね。

この本を伏せておいて $\frac{dv}{dt} = g$ を解いてみるとすぐに書けるし、その解をもう一度書いてみると $\frac{dx}{dt} = v = gt + C$

を解けば良いので自分で出来そう。

先生：そこまで自主的にやってくれると嬉しくなります。

3.5　バネの運動

次に興味深い問題として、バネの運動方程式を書きたいと思います。バネの場合にはバネを引っ張ったり押し込んだりすると、押し戻すように力が働きます。すなわち、図3.5にあるようにバネに質量 m の物質をぶら下げて、じっと動かない平衡の位置から下方に x だけ引っ張った場合にはそれを引き戻すように力 F が働きます。力は次のように書けます。

$$F = -kx \tag{3-37}$$

バネの場合の力は引っ張る距離に比例することをフックの法則と言い、その係数 k はバネ係数と言います。この力でマイナス (–) がついているのは引っ張る方向とは逆の方向に力が働くことを意味しています。

「科学者の幸せは努力でできている？」

読者：このバネに働く力は興味深いですね。
確かにバネを少し引っ張ると縮む方向に引き戻されます。フックはこれを何度も測定して、$F = -kx$ と力は伸びた量に比例することを見つけた訳ですね。したがって、k をフックの係数と呼ぶのですね。我々の知識は本当に多くの科学者の努力で出来上がっているのですね。
先生：それをわかってもらうと科学者としては非常にうれしい（涙！）
それとフックの法則というように科学者として自分の名前が入っている数式や定数を見つけることが出来れば最高の幸せですね。

この場合の微分方程式を書くことにします。微分方程式は次のように書けます。ニュートンの方程式を知っていれば便利ですね。すぐに微分方程式を書くことが可能です。

$$-kx = m\frac{d^2x}{dt^2} \tag{3-38}$$

ここまでは自然に書けますよね。この事実がビルディングや船の設計には取り込まれています。この両辺を m で

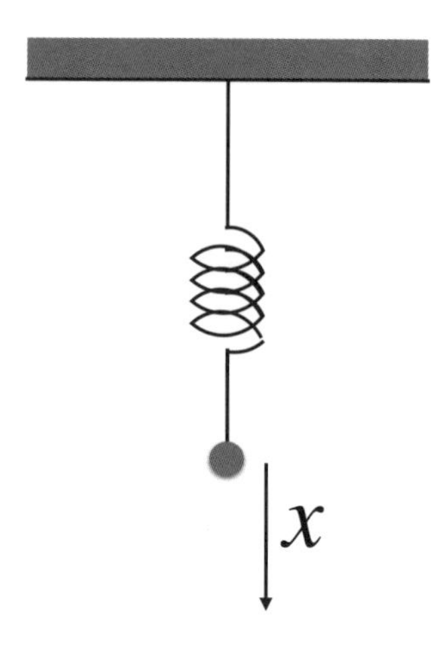

図 3.5　バネを天井からつるし、その先に石を取り付けてあります。平衡の位置を $x = 0$ とし、そこから x だけ下方に引っ張った場合のバネにつけた石の運動を記述することにします。

割り、微分の項を左辺に持って行き、それ以外を右辺に書くと次のようになります。

$$\frac{d^2x}{dt^2} = -\frac{k}{m}x \tag{3-39}$$

この方程式は微分を2回含んでいることから、2階の微分方程式と言います。ニュートンの方程式は通常は2階の微分方程式として表現されます。

この方程式を解くのに、以前のオイラーの作った関係式を使います。つまり微分したら元の関数になるという

$$(e^x)' = e^x \tag{3-40}$$

という関係を使います。それというのはこの微分方程式の右側に x が含まれているので x の微分を 2 回行っても元の関数 x になるような関数は $x = e^{\alpha t}$ のような形をしていると考えられます。したがってその関数形が解であると想像して微分方程式に代入することにします。

$$\alpha^2 e^{\alpha t} = -\frac{k}{m} e^{\alpha t} \tag{3-41}$$

この式の両辺を $e^{\alpha t}$ で割り算すると、$\alpha^2 = -\frac{k}{m}$ となります。これは興味深い結果です。最初は α は実数のつもりでバネの微分方程式の解を求めるつもりだったのですが、数学ではその数字を 2 乗した時に負の値になる数字である必要があるということを言っています。つまりは 2 乗した変数が負の数になります。このような変な数字は虚数と呼ぶのですが、そのような数字を表現するのに虚数単位 i が使われます。

$$i^2 = -1 \tag{3-42}$$

少しの間だまされたと思って、この虚数単位を使うことにします。2 乗して -1 になる数字とは何かという疑問があるはずです。それでもバネの問題を解こうと思うと強制的に虚数で解を表現する必要があるようです。バネの運動という、いつでも経験している現象を数学的に表現するには虚数を使う必要があるということですね。

我々が導入した α は虚数であるということを言っています。虚数単位 i を使って α を書くと

$$\alpha = \pm i\sqrt{\frac{k}{m}} = \pm i\omega \tag{3-43}$$

となります。しかも二つの解があります。ただし、$\omega = \sqrt{\frac{k}{m}}$ と書いておきました。

「2乗したら -1 になる i を使うと？」

読者：ここで虚数の単位 i が導入されました。
i の定義はその数字を2乗すれば -1 になることです。$i^2 = -1$ となるなんてなんだか変な数字ですよね。

先生：確かに変な数字ですね。実社会では虚数なんて登場しません。ところが微分方程式を解こうと思うと、このような変な数字までもを使って解を表現することになります。しばらくはこの虚数 i を2乗すると -1 になる数字ということだけを頭に入れておくということで使うことにします。すると素晴らしい世界が開けます。

この2つの解はどちらもが微分方程式を満たします。$x = e^{i\omega t}$ も $x = e^{-i\omega t}$ もどちらもが、微分方程式を満たします。これらの2つの解に適当な係数（数字）をかけた関数も微分方程式を満足します。自分で確かめてください。

「すごい！ 自分で証明できます」

読者：了解しました。一気にやることにします。

$$x = Ae^{i\omega t} + Be^{-i\omega t}$$

が微分方程式の解だと仮定します。この解を微分方程式に代入します。左辺は

$$\begin{aligned}(\text{左辺}) &= \frac{d^2(Ae^{i\omega t} + Be^{-i\omega t})}{dt^2} \\ &= (i\omega)^2 Ae^{i\omega t} + (-i\omega)^2 Be^{-i\omega t} \\ &= -\omega^2(Ae^{i\omega t} + Be^{-i\omega t})\end{aligned}$$

右辺は

$$(\text{右辺}) = -\frac{k}{m}x = -\omega^2(Ae^{i\omega t} + Be^{-i\omega t})$$

すごい。ちょっと邪魔臭いけどゆっくりと計算すると左辺と右辺が一致することが証明できました。

先生：それは素晴らしい。このように自分からやってくれると嬉しくなります。

したがって、一般的に微分方程式の解は次のように書けることになります。

$$x = Ae^{i\omega t} + Be^{-i\omega t} \tag{3-44}$$

実際、この解が微分方程式を満たすことは、この x を微分方程式に代入すれば証明出来ます。しかし、ここで指数関数の指数は虚数になっているのはどういう意味なのでしょうか。その意味を次の章で明らかにしたいと思います。

レポート問題3

- 指数関数と対数関数の問題（計算機やコンピュータを使っても良い：誰と相談しても良い：教える、教えられる勉強）
  指数関数は $y = e^x$ のように自然対数 e の上に適当な数字が乗っている関数である。対数関数はこの逆で $y = \log_e x$ と書く。対数関数は指数関数の逆関数で、$y = e^x$ が成り立っていれば、$x = \log_e y$ がなりたつ。次の数字を卓上計算機を使ってもとめよ。（ネット上においてあるソフトを使ってみよう）

$$\begin{aligned} e^3 &= \\ e^0 &= \\ e^{-3} &= \\ \log_e 5 &= \\ \log_e 2 &= \\ \log_e 10 &= \\ \log_e 100 &= \\ \log_{10} 100 &= \end{aligned}$$

- 三角関数の計算（角度には2通りの表現がある：意味がわからないと思う人はすっ飛ばしてください。次の授業で2通りの表現法の意味がわかります）

$$\sin 45^\circ =$$

$$\begin{aligned} \cos 60^\circ &= \\ \sin(\pi) &= \\ \tan\left(\frac{\pi}{4}\right) &= \end{aligned}$$

- 次の微分方程式を解け。

  $$\frac{dy}{dx} = -3y$$

  ただし、$x = 0$ のときに $y = 100$ とする。ここで得られた解を y を縦軸に x を横軸にとってプロットせよ。

- 授業の進め方や内容への希望のコメントを好きなだけ書いてください。読んでいて気になる所を指摘してください。

==============================

コーヒータイム

　この段階で、やっと学生さんとの間の距離がとれてきた感じがしました。それでも、この章の内容は多くの学生さんたちにとってはかなり難しいものであると想像します。物理は私の専門の分野です。高校時代は物理の問題は片っ端から解いていました。その時から、微分方程式を知っていれば公式を覚える必要は全然なくて、どんな問題でも解けるという経験をしました。そうなってくると、どうも私の頭はあまりに小さいので、覚える機能を出来るだけ小さくして、新しい事柄に挑戦することのみに使うようになっていったと思います。

人間には記憶する能力と思考する能力が備わっています。このどちらの能力を持っている人も数多くいます。社会がどんどんと複雑になってくると、片方の能力をどんどんと鍛えて、もう一方の能力を使わなくするということも起こります。私自身は思考することが大好きで、記憶する能力はほとんどないと思います。その意味では、何かを考える時には机の上には紙と鉛筆がのっているだけという状態で仕事をしています。

この授業をするにあたって文系の人たちは、記憶の能力が素晴らしく、逆に思考することはあまり好きではないという一般的な概念があると思いました。しかし、新しいことを生み出す仕事はすべてにおいて思考する能力を必要としています。この思考する際の道具として文系の人たちはほとんどの場合には日本語を使います。理系の人たちは数学を使います。数学を言葉として把握するつもりで考えると、若い頃に数学が好きではなかった人でも、言葉を会得するという気持ちで対応できると、人生の幅が広がるものだと思います。

＝＝＝＝＝＝＝＝＝＝＝＝＝＝＝＝＝＝＝＝＝＝＝＝＝＝＝＝＝＝＝＝＝＝＝

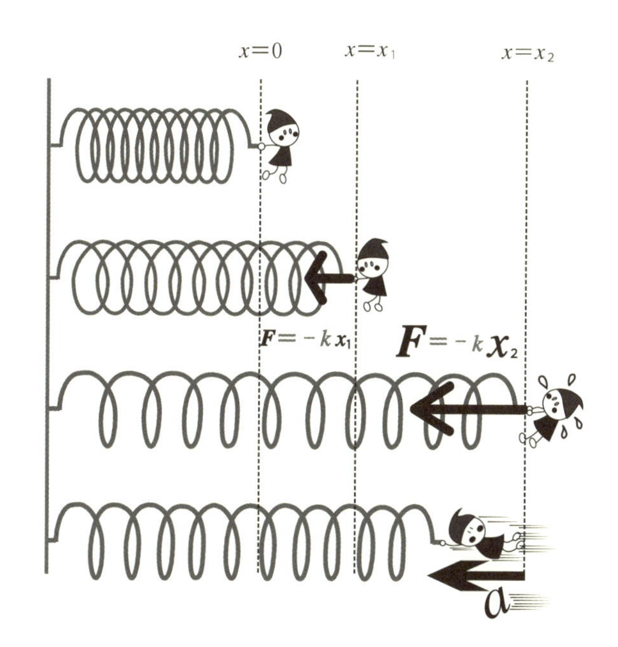

図 3.6 バネはすごい

第4章　振動と三角関数（4時限目）

4.1　復習：バネの運動の微分方程式

バネの方程式を少し変形することで次の形の微分方程式を得ることが出来ます。

$$\frac{d^2x}{dt^2} = -\frac{k}{m}x \tag{4-1}$$

この式は左にも右にも x が入っている微分方程式なので $x = e^{\alpha t}$ という解の形になるはずです。この x を微分方程式に代入すると

$$\alpha = \pm i\sqrt{\frac{k}{m}} = \pm i\omega \tag{4-2}$$

となります。この微分方程式の解は二つの積分定数 A, B を使って次のように一般的に表現できます。

$$x = Ae^{i\omega t} + Be^{-i\omega t} \tag{4-3}$$

ここで、A と B は初期条件で決まる定数です。実際この解が微分方程式を満たすことはこの x を微分方程式に代入すれば証明出来ます。ところで、指数関数の指数部に虚数が入っている関数が現れました。これを理解する必要があります。

「先生はどこまで連れて行く気なんですか？」

読者：指数関数も難しいと思っていたけど、
指数関数の指数が複素数？
複素数とは虚の世界ですよね。
どこまで連れて行く気なのですか？
先生：微分方程式を扱う時の宿命ですね。あまり覚えるのが好きではない人は我慢してこの辺りの話を単純に頭に入れておいてください。ここを突破できることで理系の言葉の神髄に触れることが出来ます。

4.2　指数関数の指数が虚数の関数は三角関数

指数関数の指数が虚数になりました。

$$e^{ix} \tag{4-4}$$

これは何なのでしょう。そもそも、いろんなところに虚数が出てきますが、虚数とは何なのですか。どうして虚数が必要なのでしょうか。工学の人はほとんどの場合は振動の問題を扱います。建物が安定かどうかを調べるのに少しのずれを与えます。いつも平衡点に戻ってくれば建物はその揺れに対しては安定だということになります。電気では交流の問題はすべて周期的に起こるのでこの虚数を含む指数関数が常に使われます。つまりは指数関数の指数部が虚数になっている意味を理解すると、理工学系の人たちが使う日常を理解することにもなります。ということで、**4時限目の理系の言葉は虚数を理解することと指数関数の指数部に虚数が入っている式の理解です。**

この意味を理解するために虚数の勉強をしましょう。$i^2=-1$ が虚数単位 i の定義です。つまりは2乗してやっと意味のある数字だといえます。それでは2乗してみましょう。

$$
\begin{aligned}
(3i)^2 &= -9 \\
(5i)^2 &= -25 \\
3+i^2 &= 3-1=2 \\
(3+2i)^2 &= 9+12i+(2i)^2=9+12i-4=5+12i
\end{aligned}
\tag{4-5}
$$

ちょっと調子に乗りすぎました。虚数のように新しい概念を入れる時でもこれまでの四則（足し算、引き算、かけ算、割り算）のルールはこれまでと変わらなくあるものとします。虚数はまったく新しい概念ではないことを思い出すために、その昔に勉強した2次方程式を議論しましょう。つまりは

$$x^2-2x+c=0 \tag{4-6}$$

という2次方程式の解をもとめてみましょう。ただし、図4.1に書かれた $c=0,1,2$ でのグラフを見ながら解をもとめてみましょう。$c=0$ の時には $y=0$ の線との交点が $x=0$ と $x=2$ にあります。すなわち、これら交点の実数が解になります。$c=1$ の時にはこれまで2つあった解が急に一つになりました。$x=1$ がこの2次方程式の解になります。ところが、$c=2$ の時には $y=0$ の直線との交点がありません。さてその場合にはどのようにすれば良いのでしょうか。

数学の課題で2次方程式はかなり初期に出てきます。その時に2次方程式の解はこの公式を使って計算しなさいと言われました。

$$ax^2+bx+c=0 \tag{4-7}$$

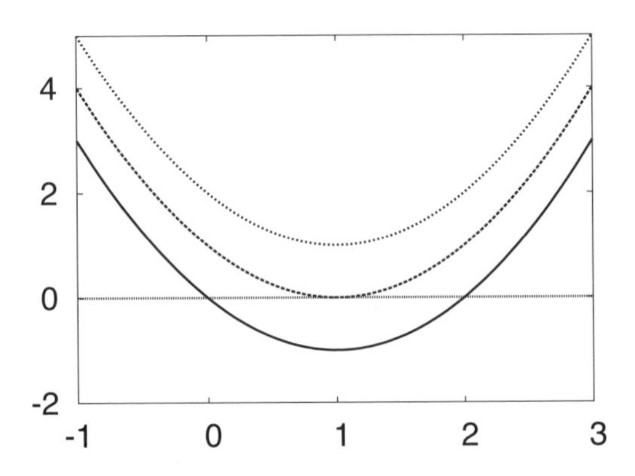

図 4.1　下から $a = 0, 1, 2$ の場合の $y = x^2 - 2x + a$ の関数が描かれている。この方程式の解は $y = 0$ の線との交点である。

のように書かれた2次方程式がある時に、その方程式の解は

$$x = \frac{-b \pm \sqrt{b^2 - 4ac}}{2a} \tag{4-8}$$

と与えられます。ただし、a, b, c は適当な実数としています。先ほどの例だと $a = 1,\ b = -2$ で c の部分に3種類の数字を入れました。$c = 0$ の時にこの公式に数字を入れると $x = 1 \pm 1$ となります。$x = 0$ と $x = 2$ が解になりグラフを使って得た数字と一致します。$c = 1$ を入れると $x = 1$ の解が一つ求まります。ところが、$c = 2$ を入れると平方根の中が負になります。つまりは $\sqrt{2^2 - 4 \times 2} = \sqrt{-4}$ です。その時に虚数単位である i が $i^2 = -1$ となる数字として導入されました。

その上で、その当時は単純に数字を上の公式（4-8）に入れて、虚数の単位を使って次のように書くことを求め

られました。

$$x = \frac{2 \pm \sqrt{-4}}{2} = 1 \pm i \tag{4-9}$$

これが本当に上の方程式（4-6）の解になっているかどうかのチェックをしましょう。まずは $x = 1 + i$ を方程式（4-6）に代入します。

$$\begin{aligned} x^2 - 2x + 2 &= (1+i)^2 - 2(1+i) + 2 \quad (4\text{-}10) \\ &= 1 + 2i + i^2 - 2 - 2i + 2 \\ &= 1 + i^2 = 0 \end{aligned}$$

2 次方程式の解になっていることが証明できました。同じように $x = 1 - i$ も同じように解になっていることが証明できます。つまりは 2 次方程式の時にはすでに虚数の計算をやっていたことになります。

「知らない間に i を使っている」

読者：へー、中学や高校のときにすでに虚数の計算をやっていたんだ。すごい！
これまでは虚数は2次方程式を解く時に出てくるものと馬鹿みたいに覚えていました。
その時にやったこともこんな所で役に立つのですね。数学の約束さえ守ればいろんなことが自分のものになりますね。その時に確かに、虚数て何？　なんで虚数を使う必要があるの？　と思っていました。虚数なんて現実の世界には登場しませんよね。

先生：虚数は確かに2次方程式の時に導入されていたのですよね。その時は解を表現するための道具くらいの気持ちで使っていたと思います。しかし、微分方程式を解く際にはこの虚数が素晴らしい威力を発揮します。

それでは次のような数字の積を計算してみます。

$$(5+2i)(5-2i)=25+4=29 \tag{4-11}$$

それでは

$$(10+3i)(10-3i)=100+9=109 \tag{4-12}$$

も実数になりました。一般には x と y を実数として $z=x+yi$ という虚数を含んだ数字を複素数といいます。この複素数のかけ算をする際に特殊な関係があるとその積は実数になるようです。複素数の虚数部分のサインをかえたものを複素共役を取るといいます。その上でこの数字を複素共役数と呼びます。z の複素共役数を z^* と書くことにします。

$$z^* = (x + yi)^* = x - yi \tag{4-13}$$

同じかけ算をするのにも z に z^* をかけ算すると実数になります。

$$zz^* = (x + iy)(x - iy) = x^2 - i^2y^2 = x^2 + y^2 \tag{4-14}$$

一方で単純にその複素数のかけ算をすると次のようになります。

$$\begin{aligned} zz &= (x + iy)^2 = x^2 + 2xyi - y^2 \qquad (4\text{-}15) \\ &= x^2 - y^2 + 2xyi \end{aligned}$$

「i を書く位置に決まりはあるのですか？」

読者：数式の中で虚数単位 i を書く位置について質問します。高校の時に数字の後ろで x, y のような文字の前に書くようにと言われたような気がするのですが、先生は適当な位置に i を書いていますね。それで良いのですか。

先生：私はいつも虚数単位は普通の文字と同じような感覚で計算しています。したがって、さすがに数字の前に書くのは控えますが、他の文字との順序は気にしていません。高校では文句を言われそうですね。

複素数の 2 乗をとると複素数になります。したがって、多くの場合には zz^* を議論することになります。複素数も通常の数学のようにかけ算や足し算をすることができます。一つだけ有用なルールは複素数とその複素共役数をかけ算すると実数になることです。これが虚の世界を実の世界に引き戻すのに必要な方法だということになります。感じとしては虚数を一時的に使うことによって、通常の四則の計算を行い、現実の世界に引き戻すにはこの複素数と複素共役数をかけ算するという有用なルールを使います。

「虚の世界を実の世界に戻すルールなんですね」

読者：虚数単位が入っている数字（複素数）は現実の世界の数字ではないけれど、複素数に複素共役数をかけ算してやると、虚数単位が入っていない現実を表す数字になるのですね。
裏の世界に潜んでいて意味が無いと思っていたことが、このまじないで現実の世界に突然出現するのですね。

先生：たしかに、複素数はそのままでは訳のわからない数字ですが、その複素共役数との積を作ってやると実数になるので、現実に対応させることが出来るということですね。

これらの準備をしておいて、指数関数の指数の部分が複素数になっている数字は何を意味しているかを考えることにします。

$$z = e^{ia} \tag{4-16}$$

という数字を考えることにします。この数字 z もおそらくは複素数でしょう。そこで次のように書いてみます。

$$z = x + yi \tag{4-17}$$

そこでこの指数関数の複素共役を取ってみることにしま

す。

$$z^* = x - yi \tag{4-18}$$

つまり複素共役を取るとは、i という記号があればその前に負のサインをつけることです。e^{ia} という数字が複素数になるのは指数が虚数になっているからなので、複素共役の概念は指数の中でも使えると考えます。したがって、

$$(e^{ia})^* = e^{-ia} \tag{4-19}$$

その上で、このもとの指数関数とその共役を取った指数関数のかけ算をしてみましょう。

$$e^{ia}(e^{ia})^* = e^{ia}e^{-ia} = e^0 = 1 \tag{4-20}$$

これは素晴らしいことを教えてくれています。e^{ia} は複素数だが、その複素共役数との積をとると 1 になるという複素数であることがわかります。そこでこんなことを考えてみましょう。$z = e^{ia} = x + iy$ と書いたのでその複素共役を取ったものは $z^* = x - iy$ であり、それらの積は 1 なので

$$e^{ia}e^{-ia} = (x + iy)(x - iy) = x^2 + y^2 = 1 \tag{4-21}$$

となります。この後の方の関係は xy 平面では半径が 1 の円ですよね。

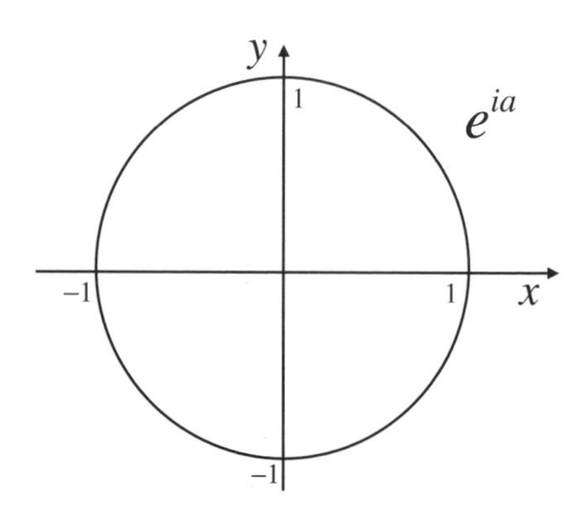

図 4.2　e^{ia} という関数は複素数であり、複素数の実数部分を x 軸、虚数部分を y 軸とする平面上では半径が 1 の円になる。

「少し問題を解いて慣れましょう」

読者：ちょっと、ちょっと待ってください。
早い早い。複素数。複素共役数。
ちょっと問題を書いてくれませんか。
先生：ちょっと練習しましょう。
$3+5i$ は虚数の単位 i が入っているので複素数ですよね。それではこの複素数の共役複素数は何ですか。
$3-5i$ かな？
もう少し問題を書いておきます。

$$
\begin{aligned}
(5+10i)^* &= \\
(7-20i)^* &=
\end{aligned}
$$

したがって、$z=e^{ia}$ としてその複素共役との積が 1 になるということを表現することにします。グラフの横軸に複素数 z の実数部分 x、縦軸に虚数部分 y をプロット

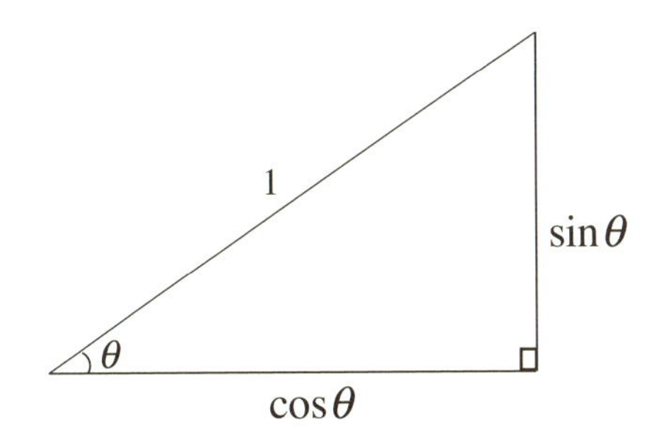

図 4.3 三角形でのサイン関数とコサイン関数の定義

すると、このグラフ上では半径が 1 の円になります。このように円になる場合には極座標を使うとこの関数を表現しやすいことになります。やっと三角関数の出番になります。図 4.3 を入れておきます。直角三角形で長辺の長さが 1 の時の底辺が $\cos\theta$ であり、対辺が $\sin\theta$ になります。

$$x = \cos\theta \tag{4-22}$$

$$y = \sin\theta$$

そのうえで、次のような対応があることを想像してみます。数学の発展はこのように想像から始まると言って良いです。むしろ、すべての問題の解決にはこのようになっていればどうだろうという考えをします。これをオイラーは 1700 年くらいにやったのです。300 年以上も前ですよね。推理小説も同じではないでしょうか。考古学も同じですよね。想像することで前に進むことが出来ます。

$$e^{i\theta} = \cos\theta + i\sin\theta \tag{4-23}$$

式（4-23）はオイラーの関係式と呼ばれます。（オイラーに感謝!!）したがって、指数関数の肩に乗っている数 a は角度 θ に対応しているということを考えた訳です。その時にこの関係を成り立たせるには角度を特別な単位で表現してやる必要があるということを考えました。その話を後の方ですることにします。

別の意味では微分方程式を解くという意思がある科学者はほとんどが e の概念にも到達したのではないかと思われます。オイラーはその集大成を行ったと言えます。そこで、オイラーの関係式を証明してみます。

「バネの話からここまで来たのですね」

読者：オイラーの関係式はすごい話ですね。
訳のわからない虚数が e の上に乗っている式 e^{ix} がまた訳のわからない $\cos x$ と $\sin x$ で書けるのですね。
まさしく、これらの関数はバネの問題を解く時に考案されたのですね。
先生：まったくそうですね。
バネを理解するためにこの道筋を作ったと言っても良いですね。
ちょっと難しいですが、頑張ってついてきてください。

オイラーの関係式の証明：
まずは $\theta = 0$ のところでこの関係式は成り立っているとします。

$$e^0 = \cos 0 + i\sin 0 = 1 \tag{4-24}$$

左辺は $e^0 = 1$ だし、右辺では $\cos 0 = 1$、$\sin 0 = 0$ なの

で、この関係式は成り立ちます。その上で 0 を含む適当な θ で成り立っていると仮定します。そこから微小の変化 $\Delta\theta$ をさせてもこの関係が成り立つことを証明します。そのために微分の定義式を少し変形することにします。

微分は

$$f'(x) = \frac{f(x+\Delta x) - f(x)}{\Delta x} \tag{4-25}$$

ですよね。この関係を少し変形すると次のようになります。

$$f(x+\Delta x) = f(x) + f'(x)\Delta x \tag{4-26}$$

この微分の関係があるので、式（4-23）の左辺の微分と右辺の微分が同じであることを証明出来れば、微小に大きくなった所でもオイラーの関係は成り立っていることを示すことができます。左辺の微分は

$$\begin{aligned}(e^{i\theta})' &= ie^{i\theta} = i(\cos\theta + i\sin\theta) \qquad (4\text{-}27)\\ &= -\sin\theta + i\cos\theta\end{aligned}$$

右辺の微分は

$$(\cos\theta + i\sin\theta)' = -\sin\theta + i\cos\theta \tag{4-28}$$

です。ただし

$$\begin{aligned}(\cos x)' &= -\sin x \qquad (4\text{-}29)\\ (\sin x)' &= \cos x\end{aligned}$$

を使いました。したがって、左辺と右辺は一致します。これでオイラーの関係式は角度を微小量増やしても成り立つことが証明できました。この三角関数の微分の関係式

（4-29）は高校の時には覚えるようにと言われていたのではないかと思いますが、後で証明することにします。

もし $e^{i\theta} = \cos\theta + i\sin\theta$ がある場所 θ で成り立っているとすると、そこから少し離れた点 $\theta + \Delta\theta$ の点での値も等しい。さらに $\theta = 0$ の場所でもこの関係は成り立っています。したがって、すべての θ でこの関係がなりたつことになります。このロジックを良く理解してください。この証明の方法を数学では帰納法と言います。

それでは式（4-29）で使った三角関数の x による微分を計算しておきましょう。

$$
\begin{aligned}
(\cos x)' &= -\sin x \qquad (4\text{-}30)\\
(\sin x)' &= \cos x
\end{aligned}
$$

$$
\begin{aligned}
(\cos x)' &= \frac{(\cos(x+\Delta x) - \cos x)}{\Delta x} \qquad (4\text{-}31)\\
&= \frac{(\cos x\cos\Delta x - \sin x\sin\Delta x - \cos x)}{\Delta x}\\
&= \frac{(\cos x - \sin x\sin\Delta x - \cos x)}{\Delta x}\\
&= \frac{-\sin x\sin\Delta x}{\Delta x} = -\sin x
\end{aligned}
$$

式（4-31）の中で使っている $\cos\Delta x = 1$ や $\sin\Delta x = \Delta x$ は図4.4を見ながら説明します。この時に $\sin\Delta x = \Delta x$ となるようになる角度のことをラジアン (rad) と呼びます。このように角度を定義するというのも素晴らしいアイデアですね。これもオイラーの素晴らしい仕事です。

サイン関数の微分でも同じ関係式を使うことで次の微分が証明できます。

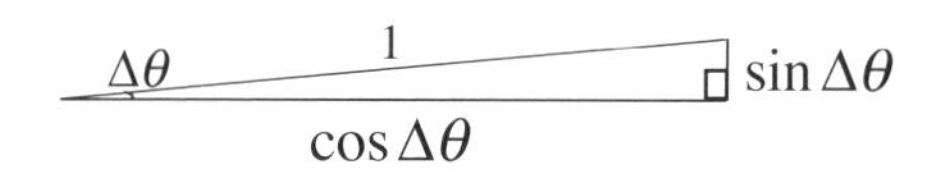

図 4.4 三角形で角度が $\Delta\theta$ と小さい場合のサイン関数とコサイン関数の値が示されています。$\Delta\theta$ が小さいので $\cos\Delta\theta = 1$ となることはすぐにわかるでしょう。$\Delta\theta$ は角度であると同時に半径が 1 の円の場合にはその角度で望む円弧の長さになります。$\Delta\theta$ が非常に小さいので、この円弧と $\sin\Delta\theta$ は一致します。そのことをこの図では自分の目で確かめることが出来るでしょう。

$$
\begin{aligned}
(\sin x)' &= \frac{(\sin(x+\Delta x) - \sin x)}{\Delta x} \qquad (4\text{-}32) \\
&= \frac{(\sin x \cos\Delta x + \cos x \sin\Delta x - \sin x)}{\Delta x} \\
&= \frac{(\sin x + \cos x \sin\Delta x - \sin x)}{\Delta x} \\
&= \frac{\cos x \sin\Delta x}{\Delta x} = \cos x
\end{aligned}
$$

「公式を覚えなくても自分で導ける」

先生：三角関数の和と差の公式を使っています。そのまとめをここに書いておきます。

$$\begin{aligned}\sin(x+y) &= \sin x\cos y+\cos x\sin y\\ \cos(x+y) &= \cos x\cos y-\sin x\sin y\end{aligned}$$

この関係式を使って微分の計算をしました。
この関係式は覚えるのに苦労した人もいるかもしれません。オイラーの関係式を知っているとこの和の公式も計算することが出来ます。それも書いておきます。

$$\begin{aligned}e^{i(x+y)} &= \cos(x+y)+i\sin(x+y)\\ e^{i(x+y)} &= e^{ix}e^{iy}=(\cos x+i\sin x)(\cos y+i\sin y)\\ &= \cos x\cos y-\sin x\sin y\\ &\quad +i(\sin x\cos y+\cos x\sin y)\end{aligned}$$

実部同士と虚部同士が等しいのでサインとコサインの和の公式がこのようにして出てきます。覚える必要がなくなったと言えますね。

弧度法におけるラジアンを別の角度から勉強することにしましょう。ラジアンは角度を表す単位ですが無次元量になっています。ラジアンの定義は、半径 r の円が与えられたとき、その円周の長さ l はラジアンで書いた角度 θ を使って次のように現されます。この様子が図 4.5 に描かれています。

$$r\theta=l \tag{4-33}$$

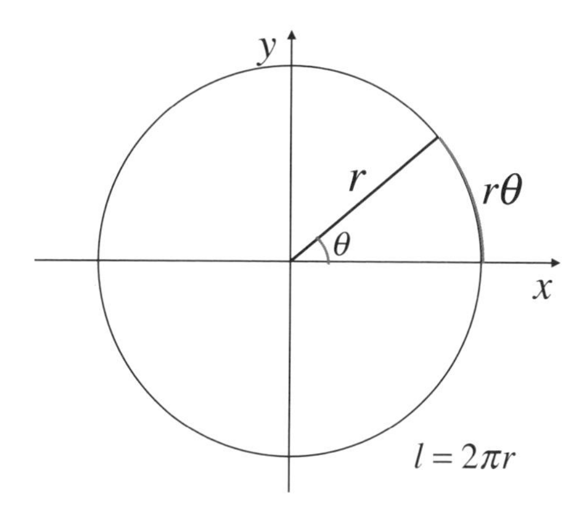

図 4.5 半径 r の円でが角度 θ が望む辺の長さは $r\theta$ になります。辺の全長は $2\pi r$ と与えられるので、この関係式で使われる角度 (弧度法での角度) は全角度 (360°) では 2π になります。したがって、ラジアンの単位では 360° が 2π であり、180° が π であり、90° が $\frac{\pi}{2}$ となります。

全円周は $l = 2\pi r$ と与えられるので、全角度はラジアンの単位で 2π となります。一般には

$$
\begin{aligned}
360^\circ &= 2\pi \qquad (4\text{-}34)\\
180^\circ &= \pi\\
90^\circ &= \frac{\pi}{2}
\end{aligned}
$$

となります。ということで、科学では角度は何度という表現を使わないで、ラジアンという単位を使うことが多いです。しかしラジアンの単位では角度の感覚と合わない場合もあるので普通の角度も良く使います。

レポート問題4

- 複素数の問題（計算機やコンピュータを使っても良い：誰と相談しても良い：教える、教えられる勉強）

$$
\begin{aligned}
(3+4i)^2 &= \\
5+i^2+i &= \\
(10+3i)(10-3i) &=
\end{aligned}
$$

- 次の2次方程式を解け。

$$
\begin{aligned}
x^2+4x+8 &= 0 \\
x^2+4x+4 &= 0 \\
x^2+4x &= 0
\end{aligned}
$$

- 次の微分方程式を解け。

$$
\frac{d^2y}{dx^2} = -3y
$$

ただし、$x=0$ のときに $y=100$ であり $y'=0$ とする。この解を書け。さらにこの関数をプロットせよ。

- 授業の進め方や内容への希望のコメントを好きなだけ書いてください（次の授業の最初に集めます）。

==================================

コーヒータイム

今日の授業を準備していて、探偵ドラマの筋書きを思い出しました。つまり、犯人に到達する過程を見せるのが探偵ドラマですが、最初に事件を紹介し、何が起こっているかの推理を行い、その上で犯人を見つけます。最初に事件を紹介する部分が結構かかり、そこが面白くなければ観客はついていきません。ドラマはわずか1時間くらいで決着しているように見えますが、その面白さを理解するには、登場する人間たちのそれまでの生き様が、そのドラマの理解に結構大きくかかわっています。理系の人たちも、足し算の演算や2次方程式などを解く過程に、この人間ドラマの部分のような面白さを感じてきたのでしょう。

==================================

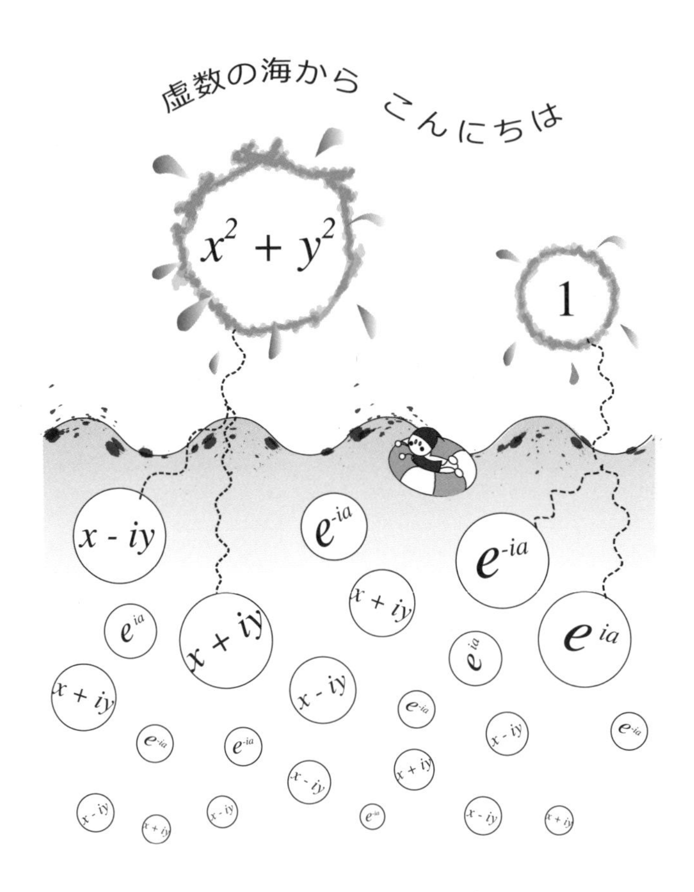

図 4.6　実数と虚数の共存

第5章　どこにでもある波（5時限目）

5.1　最後の授業のまえおき

今日が最後の授業です。5回で理系の言葉を勉強するというのはどうでしたか。物理や数学、また理系や文系の言葉はちょっと努力をすれば、その基本概念は理解出来ることを学んでもらえたのなら非常に嬉しく思います。自分の持っている時間をどのように使うかが、自分の特徴を決め、自分の価値を決めることになると思います。これからは、理系の言葉が出てきても、平然とした気持ちで対応できるようになっていればこの本の目的を果たしたことになります。

最近、大好きなコンピュータのエアーマック（アップル社）が壊れて新しいエアーマックを購入しました。数式を書き込むことが出来るソフトであるテック (TeX) や数値計算をするためのソフトであるフォートラン (Fortran) などのソフトウエアーを新しいマックに入れるには、ユニックス (UNIX) という OS を知ることは必然です。教授をしていて、忙しいときには学生に任せっぱなしでしたが、今は退職して十分に時間があります。UNIX の本を購入して勉強し、それでも現実は厳しいのでいろんなホームページの記事を読んで実践に耐えるようにし、1週間くらいの格闘の末に必要なソフトウエアーを新マックに導入しました。この UNIX も私にとっては新しい言葉です。人が決めたことや人が作ったものは、どこかにその決まりが書かれており、ある程度は勉強できます。本当に知らないといけないのは自然と社会の成り立ちです。この自然や社会の問題は奥が深く、一つ一つ理解を進めて行く必要があります。これこそは我々皆が協力して発見し、理解していく努力をする必要があります。そのことこそ我々が本当に時間を使う必要のある題材だと思われます。その時に、理系と文系の人たちが協力して問題解決に望むことが出来れば大きな成果を得ることが出来るでしょう。

微小量の魅力を伝えたいという願望でこの授業を始めました。内容的には、微分、積分、微分方程式を教えました。そのときに数学者が用意してくれた、指数関数、三角関数およびそれらの間の関係の話をしました。なかなか上手く話しができたという印象です。さらには、文系が言葉で考えるのに対応して理系は数式で考えるということも伝わったのではないかと思っています。（伝わっていますか??）

今日は微分方程式をもっと現実に起こっている問題に広げてみます。それは波の問題です。これが、分かると次には量子力学も射程距離に入ってきます。その波の問題の導入の所の話をしたいと思っています。量子力学はニュートンの方程式を上手く変換して波の方程式に書き換えることで得ることができます。このあたりを勉強したいという希望があれば、また5回の授業で会得する量子力学を授業してみたいと思います。

5.2 復習：オイラーの関係式

オイラーの関係式を書きます。

$$e^{i\theta} = \cos\theta + i\sin\theta \tag{5-1}$$

ここで θ は角度です。この関係式は素晴らしいものです。同時にラジアン単位も導入しました。この式で使う角度はラジアン（弧度）という単位で表現する必要があります。オイラーは本当に素晴らしいと思います。さらには $(e^x)' = e^x$ を満たす e の値を決めたのもオイラーです。(このような先人がいることで我々の知識や道具は便利なものになっていきます。我々の生活はものを作るという仕事だけではなくて、数学の関係式を作ることも仕事なのですね)

5.3 バネの運動

今日が最後の授業です。**5 時間目の理系の言葉はバネの問題を解くことと、さらにはその延長として微分方程式を自分で作ってみることです。**

そこでバネの問題に戻ってみましょう。バネの場合の微分方程式は次のように書かれていました。

$$\frac{d^2x}{dt^2} = -\frac{k}{m}x \tag{5-2}$$

その微分方程式の一般解は前の章の式 (4-3) により次のようになっていました。

$$x = Ae^{i\omega t} + Be^{-i\omega t} \tag{5-3}$$

ここで A と B は微分方程式では決まらない初期条件で決まる定数です。ここで $\omega = \sqrt{\frac{k}{m}}$ です。この指数関数で書かれた式はオイラーの関係式（5-1）を使うと三角関数を使って表現出来ます。

$$x = (A + B)\cos\omega t + i(A - B)\sin\omega t \tag{5-4}$$

「わからない時には手を動かす」

読者：ちょっと待ってくださいよ。
$Ae^{i\omega t} = A(\cos\omega t + i\sin\omega t)$ で
$Be^{-i\omega t} = B(\cos\omega t - i\sin\omega t)$ ですよね。
これらを足すと、
確かに上に書いた式5-4になりますね。
先生：何か、発想が理系の人のようになってきましたね。わからない時には手を動かす。基本的な姿勢です。

あとはこれらの係数は初期条件で決めます。たとえば、振り子は $t = 0$ の時に $x = 10$ の位置にあり、その時の振り子の速度は $x' = 0$ であるとします。ここで x の微分も使うので式（5-4）の形を使って微分形も書いておきます。

$$x' = -(A + B)\omega\sin\omega t + i(A - B)\omega\cos\omega t \tag{5-5}$$

これらの解とその微分形に初期条件を入れてみます。

$$\begin{aligned} x(t=0) &= A + B = 10 \\ x'(t=0) &= i(A - B)\omega = 0 \end{aligned} \tag{5-6}$$

となります。したがって、これら二つの式を連立して解くと下の式から $A = B$ であり、さらに上の式を使うと $A = B = 5$ となります。これらを一般解に代入すると、

$$x = 10\cos\omega t \tag{5-7}$$

となります。したがって、もともと振り子の運動の答えは振動であるということは知ってはいましたが、実際に $\cos\omega t$ という三角関数で表現される振動する解になっていることがわかりました。しかも振動の大きさや周期が入っている数式で表現された振動の様子が記述されています。その意味では理系は定量的に数字を出すのを仕事としているが、文系はそれを定性的に把握することが求められる。つまりは文系の人は振り子は振動することだけを知っていれば良くて、正確な数字が必要なら理系の友達にちょっと数値計算してもらうというような態度で良いかと思われます。ただ、そんな時でもどのような基本的考え方で答えが出てきたのかを知っていることは大事だと思います。

理系の人たちは微分方程式を扱うことを学び、日常的にもその概念を使った議論をしています。その中では虚数を使うことや、オイラーの関係式を使うことが日常になっています。だから、微分方程式さえあればその意味する所を定量的に与えることが可能です。そのような人たちが周りにいることを知っているだけでも、楽しみが増えるのではないかと思われます。

「虚数は自然現象を表現する道具のようなもの」

読者：バネの問題を考えて指数関数の上に虚数が入っている式が出てきましたよね。これは複素数ですよね。
これが三角関数で書けるということを勉強しました。その上で物理の初期条件を入れて計算した結果は実数なのですね。
自然現象を表現するのは実数だから、虚数はただ計算のためだけに使われたことになりますね。
先生：そうなんです。実社会では虚数は存在しません。しかし、理系の言葉の中では虚数はよく登場します。実数の世界を表現するための途中段階の道具のように考えておけば良いと思います。

ここまでで微小量の世界では単純な関係であることに起因する微分方程式を解くことを勉強してきました。**理系の言葉**の最も根本的なことを書くことが出来たと思っています。指数関数や対数関数が登場しました。虚数も登場しました。これらの表現法が単純な微小の世界から複雑な現実の世界を理解するために使われることもわかっていただいたのではないかと思っています。後は、残っている時間を使って、微小の世界をどのように表現すれば良いかを考えてみたいと思います。現実の世界を微小の世界の言葉で表現することを練習してみたいと思います。微小量の魅力をふんだんに使ってみたいと思います。

5.4 どこにでもある波動

石を投げた時の運動などは石の場所が時間とともにどのように変化するかで記述します。バネの運動の場合そのバネの先端に取り付けられている物体の場所が時間的にどのように変化するのかを記述しました。もう少し複雑な現象をどのように記述するのかを勉強することにします。そのことを知っていることで、現実のもっと複雑な問題をどのように表現するべきかの手がかりになることを期待しています。そのために音楽の話をします。ギターの弦や太鼓の膜が振動すると、空気が振動します。我々はその振動を音として感知できる機能を持っています。耳は音を聞き分ける素晴らしい道具です。この弦の振動などを議論するにはやはり微分方程式を使うのですが、弦は時間とともに運動するので当然弦の運動は時間の関数になります。しかし、それだけではなくて弦は点ではなくて線なので、弦の位置を表現する位置も考慮する必要があります。したがって、2 つの変数（時間と場所）を扱う必要が出てきます。そのことから微小の世界の関係では 2 つの変数を含む微分方程式になります。

ギターの弦の様子を図 5.1 に描いてみました。ギターの弦は点ではなくて線です。したがって、長さが l の弦のどの位置を問題にするのかを表すために x を導入します。図では弦が止まっている時のある点での場所を x と書いています。左端を $x=0$ とし右端を $x=l$ とします。x は 0 から l までの実数値をとります。その上で弦をつまんで引き上げてみます。弦はピンと張った位置からずれます。その横方向のずれを y と表現することにします。するとこのずれは場所 x によって違っています。すなわ

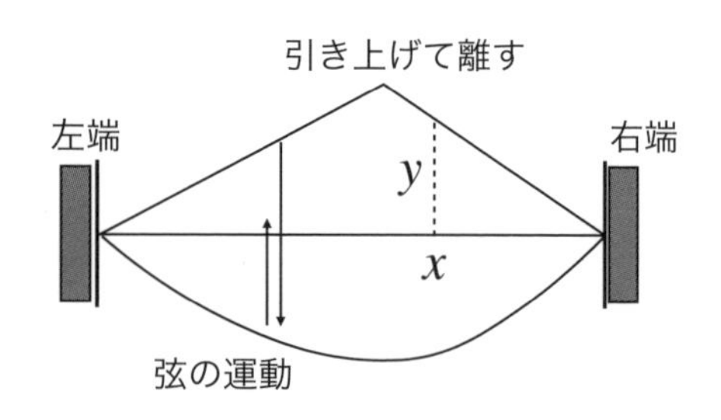

図 5.1　長さが l の弦を引き上げて離した時の運動を示してあります。両端を止めてピンと張った状態の場所を x で指定します。その時の弦の平衡の位置からのずれを y と書いてあります。この平衡からのずれは場所 x の関数となり $y(x)$ と書くことにします。この場所に依存するずれの時間変化を弦の振動と呼びます。

ち、y は x の関数になります。それを $y(x)$ と書くことにします。この弦はつまんで引き上げた状態から手を離すと運動を始めます。この弦の運動によって空気が振動し、我々には音としてその振動を感じることが出来ます。弦の振動を表現するには x の位置にある弦の点が、時間とともに運動することを記述することが必要になります。ちょっと厄介そうですね。この厄介そうな運動も我々の考察で基礎方程式（微分方程式）を作ることが出来ることを説明したいと思っています。微小の世界を体験したいと思います。そして出来るならば身近な社会の現象も、読者の手で微小の魅力を使って微分方程式を作ることが出来ることを願っています。

「どのように考えるかを経験してください」

読者：確かに弦の話は2つの変数（場所と時間）の関数で表現する必要がありますね。
そんなこと私の力で出来ますか。

先生：現実はかなり複雑です。その複雑な問題をどのように考えるのかを経験してほしいという願望でこの部分を書いています。ちょっと遊びをするので楽しんでみてください。
考える道筋を見てもらっておけば、自分の問題が出てきた時に役に立つと思います。

5.5 ウエーブ現象を考察する

弦の運動は波動の運動です。このような現象は身の回りのどこにでも起こっています。それを野球場やサッカー場でよく見かけるウエーブの現象を使って理解したいと思います。つまりはウエーブ現象を理系の言葉で考えてみたいという設定です。ウエーブ現象には自分が参加することが出来るので力を実感することが出来ると思っています。

このように運動する問題を考える時にはニュートンの方程式（$F = ma$）を使います。運動するすべての現象にニュートンの方程式は適応できます。弦のある部分の質量を m（ウエーブ運動の時には自分の質量）とするとその部分での加速度 a はその部分に働く力がわかれば良いということを言っています。したがって、弦の振動の原因になっている力を見つけることが微小の世界で考慮すべきことだということになります。自分に働いている

図 5.2　人が手をつないでウエーブ運動をしている所です。自分にかかっている力は自分の右隣と左隣の人の運動によって決まります。

力を考えるためにウェーブ運動をやってみましょう。そのために図 5.2 を描いておきました。この図では多くの人が並んで手をつなぎあっています。運動を考えるために図の中の一人に自分を当てはめることにします。

自分の左右には人がいます。自分の右隣の人が上に動く局面を考えます。その場合には自分はその人に上の方向に引っ張られます。ところが、自分の左隣の人はまだ動きを始めてはおらず、自分が引き上げる必要があります。つまりは自らはその左隣の人に引き戻されるような感じになり自分の動きが妨げられます。したがって、自分には右隣から引っ張られる力と左隣から引きもどされる力 F が働いていることになります。それらの力の足し合わせで自らの運動が決定されると思われます。

この状況を式で表現してみたいと思います。数式を使いたいので自分のいる場所を x と指定します。右隣の人は自分を引き上げます。この状況を数学的に表現すると、自分は横方向には x の位置にいるのですが、弦の振動の方向（高さ方向）には y の位置にいるとします。このことを x にいる自分は y という振動方向（高さ方向）の位

置にいることを $y(x)$ と書くことにします。右隣の人は自分から Δx だけ離れた $x+\Delta x$ の位置にいるとします。ここで微小距離 Δx を使うのは、全体の長さに較べて隣同士の距離は断然小さいと考えているからです。イメージしているのは球場やサッカー場でのウエーブ現象で、全体が 100m くらいの長さで人の間の距離が 10cm~1m くらいで全体に較べてこの距離は断然小さいという感覚です。右隣の人は少し自分より高い位置 $y(x+\Delta x)$ にいることにします。この高さ方向の変化の強さが自分にかかる力に比例するはずです。それをこの式のように表現します。

$$F_{右} \propto \frac{[y(x+\Delta x)-y(x)]}{\Delta x} \tag{5-8}$$

ここで、$\propto$ と書いたのは英語の「proportional to」を記号で書いたものでその言葉の意味通りに比例するという意味です。左辺に書いた量は右辺に書いた量に比例すると言います。発音は英語ではそのままの読み方をしますが、日本語では「比例する」と言えば良いでしょう。

ここで、微小量の考え方が登場します。横の人から引き上げられるような力が働くので最初の $[y(x+\Delta x)-y(x)]$ はこれまでの考察から理解できることでしょう。横の人が自分を引き上げているということを表現しています。ではなぜ、Δx で割るのでしょうか。ここに微小量の考え方（微小量の魅力）が登場します。左辺の右からかかる力 $F_{右}$ は大きな量（普通の量）です。ところが、$y(x+\Delta x)-y(x)$ は微小な距離だけ離れた所の高さの差を表現しているので微小な量です。この微小量を左辺の大きな量（普通の大きさの量）と対応させるには微小量 Δx で割り算しておく必要があります。別の言い方をすれば、この微小の

距離 Δx は全体に較べてあまりに微小なので、その微小の大きさが全体の結果に影響を与えないように式を作るということになります。そのことにより右辺の量も普通の大きさになります。その結果を見てみると右隣の人から与えられる力は微分で表現されますことになります。

一方で、自分の左側の人は自分の運動を妨げます。その左の人は $x-\Delta x$ の位置におり、自分より下方の高さ $y(x-\Delta x)$ にいるとすると上の考察と同じように考えて

$$F_{左} \propto -\frac{[y(x)-y(x-\Delta x)]}{\Delta x} \tag{5-9}$$

の力が働いていると表現します。この式が上の式とサインが違っています。これは自分の動きとは逆の方向に力が働いていることを表現しています。左側の人からの力も微分で表現されることになります。自分にはこれらの力の足し合わせた力が働くので結局は

$$F \propto \frac{\left[\frac{y(x+\Delta x)-y(x)}{\Delta x} - \frac{y(x)-y(x-\Delta x)}{\Delta x}\right]}{\Delta x} \tag{5-10}$$

と書くことが出来ます。

興味深いのはこの自分にかかる力 F は x の右側での微分と左側での微分の差をとっています。微分自身は普通の大きさの量なのですが、微小距離だけ離れた微分量の差をとっているのでこの微分量の差も微小量です。したがって、右辺を普通の大きさにするにはこの全体を微小量である Δx で割り算してやる必要があります。その結果次のように2階微分で表現できることになります。そして係数は弦の引っぱりの強さであるフックの係数 k ということになります。したがって、この k はウエーブ現

象の性質や弦の性質に依存する大きさを持っています。

$$F = k\left(\frac{[y(x+\Delta x) - y(x)] - [y(x) - y(x-\Delta x)]}{(\Delta x)^2}\right) \tag{5-11}$$

これで力が y 方向への変化量の x による 2 階微分で表現されることが導出されました。ちょっとややこしかったですが、話の進め方を一度でも聞いておいてくれると嬉しく思います。微小量が方程式に現れる時には、左辺に微小量がくれば右辺にも微小量が来ないといけない。一方で、左辺に普通の大きさの量が入っていて、右辺に微小量があれば、必ず微小量同士の割り算をすることで普通の数字にしてあげないといけないというルールがあるということになります。

力がわかればあとは弦の運動を支配する方程式は単純にニュートンの方程式を使うことによって書くことが出来ます。自分にかかる力がわかったのでニュートンの方程式 $F = ma$ を使うと次のように微分方程式が書けます。

$$k\left(\frac{d^2y(x)}{dx^2}\right) = m\left(\frac{d^2y(x)}{dt^2}\right) \tag{5-12}$$

この式は x という場所にいる自分に対する 2 階の微分方程式になっています。しかもこの式は x と t の微分が入っている 2 変数の微分方程式なのでかなり複雑な微分方程式だと言えます。数学の言葉では 2 階の微分方程式と呼びます。この方程式を一般化して解くことが出来ますが、今回の授業では運動方程式を書くことが出来る所までにして先には進まないことにします。それとこのように書かれた微分方程式は電磁気学や量子力学の中心的な方程式になります。別の言葉で言えば、自然現象で現れる微小量の間の関係式はほぼこのような2階の微分方程式で与えられているということになります。

「身近な問題をどのように考えるか」

読者：なんか煙に包まれた感じがするけど理解できたかなあ？　身近な問題をどのように考えるかを教えてくれているようなので、なんとかロジックをわかりたいですね。
自分も参加してウエーブの運動をした時には確かに右隣の人が上に行った時には自分も引っ張られたし、自分が上に運動して行く時には左隣の人を引き上げたことは実感します。
これを数学で表現する時に隣の人との距離は Δx と書いた所にちょっと違和感があるのかな。
先生：良いポイントに気がつきましたね。ウエーブ現象の時には隣の人との距離はまちまちになります。しかし、その距離も全体に較べて非常に小さく、自分を運動させるための力はその微小量にはよらないと考えるのが大事です。つまり微小量の大きさにはよらないで全体の運動が決まっていると考えるのです。だから、微小量を扱う際には微分が常に登場する訳です。

このように考えれば多少複雑な問題でも微小量の間の関係を微分方程式の形で表現することが出来ます。一般的には力が人の動きを制御します。力を知ることが出来るとニュートンの運動方程式にしたがえば、運動が記述されます。この場合のように波が伝わるような方程式は2変数の微分方程式になっています。古典力学はニュートンの方程式で与えられましたが、それをミクロの世界にまで使えるように拡張して、波動の方程式にしたのが量子力学です。その意味では2変数の微分方程式が理解できるようになればちょっとの努力で量子力学も理解出来るようになります。ということで、言葉を勉強するのは少しの努力（その気がある場合には、それとか友人がいれば）でそれをマスターすることは可能であるとだけ言っておきます。

言葉を知っているということだけなら、個人としては何の特徴もありません。というのは、他の人もちょっとの努力で同じ能力をつけることができるからです。だからこそ、自らの特徴を最大限にのばし、人の先頭に立ち、新しい道をつけて行くことが重要であると思います。

この授業を受けたすべての学生や読者がそれぞれの分野でリーダーになれば、世界の問題を解くことができるリーダーグループになります。それより、このグループは理系と文系の集まりで構成されているのでリーダー集団になれます。この方がもっとすごいと思います。その時にこのグループでは理系の言葉を使うことが出来ます。お互いの信頼関係も出来上がっていることでしょう。

この授業のまとめをしておきます。最初は微小量を導入しました。この微小量を含む方程式が微分方程式となり、その微分方程式を解いて普通の量の間の関係を導出するには積分を使うことになります。最後の微分方程式を導出する所はこの微小量と普通の量の間の関係を使います。つまりは方程式で左辺が微小量なら右辺も微小量になります。一方で左辺が普通の大きさの量なら右辺も普通の大きさの量になります。この方程式が微小量を含む場合には微小量の割り算をすると普通の大きさになります。突き詰めれば、このルールが微小量の魅力だということになります。このようなことだけを頭に入れておくと、常に微分方程式を導出することが可能になります。この微分方程式の成り立ちを知っていればかなりの複雑な現象でもうまく表現することが可能になります。方程式が難しくて自分では解けない場合には理系の友達に頼めばたちどころに解いてくれます。社会的な現象でも結局は力関係で社会の運動方向が決まります。どちらの方向に動くのか考える場合にはこの微小量の魅力に取り付かれるのも悪くないかもしれません。その時に何か方程式らしいものが出てくれば、理系の友人に話をしてみてください。答えが見えてくるかもしれませんね。

5.6　総復習：凄いことですよ

5 時限の授業時間を使って理系の言葉を勉強してきました。大変だったとは思いますが、今や多くのことができるようになっています。

1. 微分が出来る。
2. 積分が出来る。
3. 微分方程式を解くことができる。
4. 指数関数がわかる。
5. 指数関数の指数に虚数がある時の関数もわかる。
6. 三角関数もわかる。
7. ラジアンも何故必要かわかる。
8. ちょっと複雑な場合の微分方程式の作り方を勉強した。

これからの成長を楽しみにしています。お互いに知り合いになったのも良い縁です。自分を決定するのは時間の使い方です。是非、自分の特徴を一番生かすための時間の使い方をしてください。私としても、皆様のような若い希望に燃えている人たちと、何か一緒に仕事ができるようになれば嬉しく思います。おそらくはずっとこのメールアドレスを使っていると思うので、是非何か面白い話があればメールを送ってください。(toki@rcnp.osaka-u.ac.jp)

本の読者に

ちょっと薄めの本ですが、いつもの読んでいる本とは違ってかなりの時間と労力を使って読まれたのではないでしょうか。内容的には理系の学生が数ヶ月使って勉強するくらいのものです。このように短めになっているのはあまり練習問題を書いていないからです。この本の目的として、文系の人がある程度の数式が出てきても、その正確な式の意味を理解することができるという段階にまで持っていくことでした。そのために内容的にはかなりのものになっているし、とくに、いろんな概念の定義がきっちりと書かれているのが特徴です。

本当に最後まで良くつきあってくれてありがとうございました。大変だったでしょうし、かなり頭を使ってくださったことだと思います。理系の友達にもかなりお世話になったのではないでしょうか。もちろん、その辺りの経験や希望をメールしていただくと次の本にも反映させることが可能です。この授業を続けていくのも大事ですし、この次のバージョンを作るということも大事だと思っています。いろいろと意見をくだされればうれしく思います。それと、この本を手に取ってくださった思いを是非大切にしてほしいと思います。理系の言葉にぜひ興味を持ち続けてください。周りにいる理系の人に指数関数や微分方程式を聞いてみるのも会話を始めるのに良い機会を与えるものと思われます。

==================================

コーヒータイム

最後の授業の最初にオイラーの仕事はすごいということを書きました。彼の仕事の結果を我々は使って、多くの現象を非常に系統的に表現することが可能になりました。その意味では多くの人たちは分業で大きな問題を解いています。学生の頃に聞いたのですが、20世紀の天才と言われているアインシュタインは相対論、量子力学、熱力学などすべての分野で先駆的な仕事をしました。その彼でも、一般相対論の難しい式の計算では数学の計算に行き詰まることがたびたびありました。その度に彼は親友の数学者の所に行き、自分の直面する問題の話をして、親友の意見を聞いていたと言われています。我らの20世紀の天才でもすべての能力を持ち合わせている訳ではなくて、良い親友を持ち、いろんな角度からの助言をもらって仕事を進めていたことになります。

この超域のクラスは素晴らしい仲間の集まりだと思いました。現代の我々が直面する問題は、理系や文系、経済や政治、物理や数学や生物、工学や理学の壁を越えて一緒に考えて行く必要があります。このような異なる分野の仲間を大事にして、ぜひ、我々が直面する問題を明らかにし、問題を解決して行ってほしいと思っています。

==================================

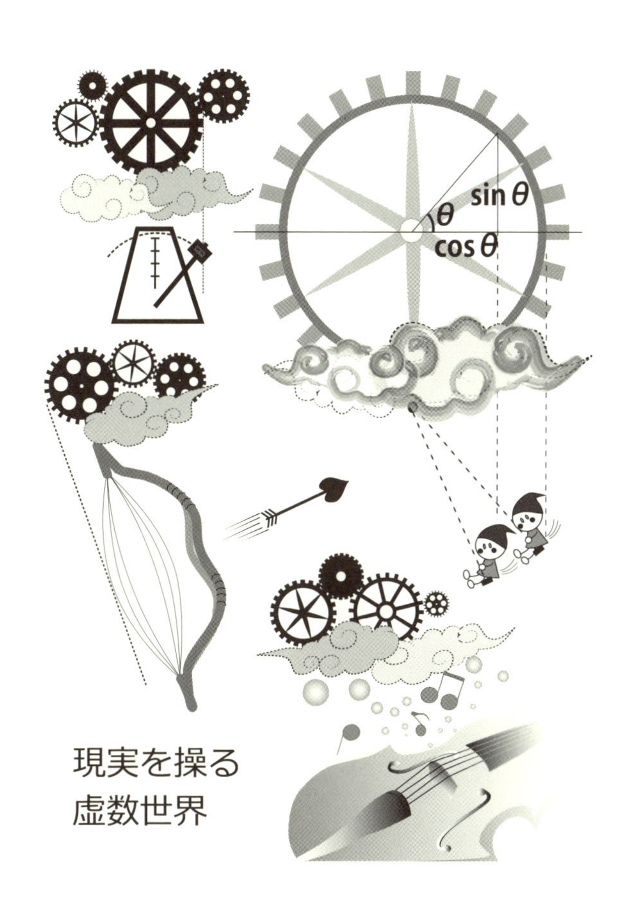

図 5.3 虚数と三角関数はたのしい

この本を手に取った方へ

——第2章までは読み終えたみなさんは理系の言葉を身につけましたよ——

「理系の言葉」とはなんだかわかりましたか？

この本は、2012年に始まった、大阪大学超域イノベーション博士課程プログラムで、理系、文系を超える理系提供授業を作るということがきっかけで生まれました。専門分野の枠組みを超え、「超えることでしか生まれない」イノベーションを社会にもたらす新時代の博士人材を養成する修士・博士一貫の少数選抜学位プログラムということで、超域イノベーションプログラムはスタートしています。従来の教育スタイルを超えることも必要だし、思い切ったことをしてみたい。今までにないやり方も、どんどん取り入れて、文系の学生にも理系の考え方を理解してもらおう、理系の学生には、文系にわかってもらうにはどうすれば良いかを理解してもらおうという、「超域」ならではの意欲的な取り組みをしようと考えました。中心となったのは、一流の理論核物理学者、とても楽しく魅力的な土岐博先生です。この本では、土岐先生と学生達が新しい授業の形を作り上げていく雰囲気が少しでも伝わるように、工夫もしてみました。

授業のプランニングには、土岐先生を筆頭に、学部共通教育から大学院のキャリアまで幅広い分野で、全学教育の柱となって活躍している、実験核物理学者の下田正先生（全学教育推進機構長）、それに私、兼松泰男の3人が知恵を絞りました。ところで、私は、次回の授業を担当することになっています。専門は、光物性物理学、レーザー分光学から始まって、いろいろな領域を超えて首を突っ込み、今では広い意味でのアントレプレナーシップ教育も専門のひとつです。現在、土岐先生と私は、産学連携本部イノベーション部e-square（サイエンス＆テクノロジー・アントレプレナーシップ・ラボラトリー）というところに所属し、社会に貢献する新しい研究と学びの場をつくることに熱中しています。e-squareは、この授業のコーヒータイムに利用しましたし、次の授業の場でもあります。学外の人にもメンバーになっていただき、開放していて、もちろん文系も大歓迎。カリフォルニア州の商工会議所の方が来て、「日本の大学にも、おもしろいところがありますね」と褒めていただきました。ちょっと変わった開放感のある雰囲気が自慢です。読者のみなさんも覗いてみてください。ご連絡は、kanematsu@uic.osaka-u.ac.jp まで、この本に興味を持っていただいた方、こんな授業を創ってみたい方、歓迎です。

さて、理系の言葉として、私たちが取り上げたかったことは、「数理科学的なことがら」です。数理科学は、なるべく簡単で本質的な事から演繹的に世界を解釈していくといった手法を用います。数理科学の中でも、ここでは、微分方程式を取り上げます。微分方程式は、微少量という切り口で考えれば、まさに、数理科学の考え方の典型です。これを難しくて近寄りがたいものとしてではなく、取っつきにくくしている衣をはぎ取って扱いましょうと考えました。簡単で本質的なことがらの積み重ねなら、道筋さえ示せばはぎとれるはず。そうすれば、誰にでも理解できますし、慣れることによって、理系の言葉としてなじめるものです。理系の言葉というなら、さまざまな物質や化学反応、生命、宇宙といった対象や現象などを記述する言葉をいかに整理し理解し、伝え合うかということを想像するかもしれません。もちろん、理系のそれぞれの分野に特色のある言葉というものも考えられるのですが、最も理系の言葉らしい、そして共通するところに、ここでは光を当てました。

理系の言葉はこれだと、思い切るところは、授業を創りあげ、実施した土岐先生のすごさが出ているところのひとつです。あれもこれもではなく、最も大切なところを、すぱっと切り出してみせて、それだけわかれば、後は、自分でどんどんわかるはずですよと語りかけます。わかったつもりになった人には、さらに、他の人に教えることで、理解をほんものにしようと勧めます。こうして、どんどん授業はにぎやかになり、あっちでも、こっちでも、理系の人が文系の人を教えている、ちょっと変わった授業が進んでいきます。土岐先生の声のみが響く時は、みんなが理解するために力が要るところに差し掛かった時です。

私が感心した、土岐先生のもう一つのすごさは、みんなに向き合う態度です。授業の最中、教え合うために、かなりうるさくなるのですが、それを苦にするどころか、楽しむかのように、自信を持って授業を進めていきます。どんなタイプの質問も肯定的に受けとめます。ある理系の人が、「そんな説明の仕方じゃ、となりの文系の人がわからない」と勇敢にも文句を言いました。私ならカッとなりそうなところですが、土岐先生は、さらっと「それでは、前に来て教えてみて」と受けました。前に出て、やってみて、彼は、むしろ自分が理解できなかっただけだと気づくことになりました。もちろん、内容は難しい部分で、理解に時間がかかるところではありましたから、この出来事のおかげで、みんなの理解も、進んだようにも思います。

さまざまな場面で、みんなとかかわりあいながら、あるところで、わざとスピードを早めたかと思うと、ゆっくりと丁寧な進め方に切り替えたりして、活き活きとした授業を創っていきます。その様は、作品を演じるかのようです。土岐先生は、アメリカ合衆国で、教えていた経験があります。もし授業がまずいと、学生がいなくなって、授業を中止しなければならないことになる。そういった環境で、工夫しながら、中身を改善し、授業を進める力を研いてきたそうです。授業がまずくても、仕事がなくなることはない日本の環境と比べると、格段の差がありますね。

現象のイメージを描けるかな？　どうして「微少量」？

授業では、まず、半減期のイメージをみんなに問うています。文系のクラスで、下田先生が教えた経験では、半減期のところまで、最初の値を保つ、水平な直線を書いて、半減期のポイントで階段状に下がり、半分の値になるという図を描いた事例があったそうです。現象を頭に描いているのではなく「半減期」という言葉から図にしたということだと思います。理系の言葉に熟達するのには何よりも、現象のイメージを描けるということが大切です。そして、「半減期」ということを頼りに、数値的に時間が経つとどのように変化するかを曲線として表現してみましょう。

一方、大学受験時の学び方が染みついて、この減衰曲線は指数関数だと、記憶に頼って反応してしまうことがあります。覚えた公式を次々と使って問題を解いていく。すごそうに見えるけれど、本人が、ほんとうにわかっているのか、怪しい。ほんとうの理系的な理解は、具体的な例を使って、論理を積み重ねる道筋を他の人にも説明することによって養われます。丸暗記を使ってさぼるということをせず、やさしいことを自分の頭で積み上げて、具体的に理解することが習慣になると良いですね。そのうちに、具体例に立ち返らなくても、反応するようになっていき、理系の言葉が使えるようになります。こうして身に付く言葉は、精選された少ないものとなります。複雑に見えることも、シンプルな事柄の組み合わせで、いつでも自分の頭で考えることができる。また、できるという自信を養う。これは、理系、文系を超えて、普遍的に求められるスタイルじゃないでしょうか。

授業では、次に、「微少量」にこだわっています。「微少量」を具体的にイメージできるように、単位もつけて、実際に大きな量と小さな量を比較してみます。この作業をすると「微小」が何を意味しているのか感覚的に掴めるようになります。微分を理解するために「微少量」は鍵となる考えです。「微少量」を、現実の世界でしっかり捉まえることができないと、先に進めないだろうと、土岐先生は、ここに力を入れようと主張し、授業で実際に、具体的な例を挙げて、単位もつけてイメージすることを繰り替えしました。繰り返し、具体的に考えてみることを。抽象的な言葉（専門用語）を振り回してわかったつもりになるのは、理系の言葉にとっては大きなマイナスです。

「わかりません」と言いづらい理系の専門用語

ところで、それぞれの分野で、使っている用語が、なんとなくわかるけど、よそいきで頭に入らないということが良くありますよね。少し難しい言い回しを使い、暗号のような用語を多用する。それでも、専門用語は、多くのニュアンスを共通の言葉の中に凝縮するという機能も持っています。専門家は便利なので多用します。わからない人がいるということを忘れてしまい、みんなが、わかっているものとして、どんどん説明を続けてしまいます。もしそういう場面に出くわしたら、その時に、勇気を持って「わからない」と言ってください。そこから、理解が始まります。専門家にとっても大切なことです。彼や彼女が、ほんとうに力を発揮するためには、やさしくイメージ豊かな言葉で伝える必要があるのです。わかるように教えて欲しいというはたらきかけは、教える人を育て、まわりまわって、多くの人達の理解をすすめる、とても大事なことです。

実際、この授業の受講者からは、「わかりません」が、飛び交いました。土岐先生の授業は、わかりやすいものだったのですが、「どうかな？　わかる？」といった投げかけをしたり、少し躓いている人達の状況を眺めたりしました。繰り返して説明し、間をおくなどして、質問が出やすい進め方を工夫していました。

授業の後でコーヒーを飲みながら話をしていた時、「わかりませんと質問しても良いというのが、驚きだったし、とても良かった」という感想がでてきて、そうかもしれないと思いましたが、少しショックでした。多くの人達が授業で、わからないと言うことを良くないことだと感じていること。中には、わからないという質問を受け入れてもらえない授業もあるのだということ。「わからない」は理解したいという思いと、教えたいという思いを結びつける大切なはたらきかけですから、「わからない」が言える授業を大切にしたいと思います。

第 1 章の中頃から、微分方程式が登場します。微分方程式というと難しそうだけれど、微少量ということだけ注意すれば、粒子の個数の変化は、粒子の個数と、微小な時間に比例して減少する。そこで、減り方を特徴づける定数 λ（ラムダ）を使って式（1-1）という簡単な式で表せるということになります。数学で使う微分形式にするには、微少量を表している記号を Δ（デルタ）から d に変えて、両辺を微小な時間 dt で割れば良い。えいやっと、本質を残して、表記は自在に変えるわけです。0 の極限なんてことを考えると、割るのは、やりにくいですが、微少量で割り算をするなら理解できるでしょうとたたみかけます。

極限をとるというという記号が何かよそ行きな感じを与えているので、

とってしまうというところ。これもすごいですね。微分の定義の所で現れる $\lim_{\Delta x \to 0}$ は、非常に小さい量だということを頭に入れるだけでいいわけです。とってしまった記号が、必要以上に難しい印象を与え、心理的なバリアを高くしていることが、あらためて実感できます。

公式を覚えるのをなまけて他のことをしよう

「難しい関数を覚えるのはたいへん。わかるわかる。本当に中心的なものをしっかり考え抜いて理解して、後は公式集に任せましょう。覚えている必要なんかありません」こういった話も、文系の人にはびっくりしたことのひとつではなかったでしょうか。考え方の骨組みだけで、それ以外は、公式集でもどこでも引っ張り出せば良いじゃないか。実は理系の言葉は、一生懸命、なまけようとする人達にぴったりです。公式をこつこつ覚えた、まじめで勤勉な人もいるかもしれません。こつこつ覚えるのが好きな人は、それでいいと思います。でも、公式を覚えるのは、なまけても、もっと他のことを考えようという人がいてもいいですよね。

さて、第 2 章で積分が登場します。自分の手を動かして、演習をしたり、あれこれと考えて理解してみたり、教えあって、なーんだそうかと納得したりして、授業は進みました。

私たちは、もし、この本をひとりで読んで手を動かして理解してということに取り組んだら、第 2 章までで、きつかったと感じるだろうなと話し合いました。久しぶりに数学をやったという疲れがどっとでるでしょう。あるいは、自分は、数学は嫌いだったし、サインもコサインも大嫌いで見たくもないが、言葉としてとらえるのなら一度目を通してみようかという気持ちになってくれるかもしれません。そこが大事なのです。

第 2 章を読み終えたあなたは理系の言葉を取得しました。少なくとも理系の人たちと逃げずに話が出来るようになっているはずです。後の 3 つの章は気が向いた時でいいので一度だけ挑戦してみようと思ってくれると嬉しいと思います。手を動かして考えて、理解する、という作業を数学で久しぶりにするのは、なぜやっているのかわからない、受験勉強の拷問の記憶がよみがえり、わかるためにやりたいという目的意識を失ってしまうかもしれません。でも、第５章までなんとなくでも、わかることができて嬉しいという想いが沸いてくることを願っています。微分、積分をしっかりと理解するための要素である、指数関数、虚数、弧度法といった、最も光る洗練された要素、オイラーの奇跡が浮かび上がって来るはずです。自分の時間の範囲で無理せず、先に行こうと思ってくれたら、もう、あなたは理系の言葉に怖じることなく、この本を超えて進む力がついています。少なくとも自分を助けて、共に学んでくれる誰かを遠慮せずに探せるようになっていることでしょう。

付録

数学の式と言葉での表現

$y = f(x)$	y は x の関数である	（第一章）
$\frac{dy}{dx}$	y を x で微分する	（第一章）
$dN = -\lambda N dt$	粒子数 N の微分方程式	（第一章）
$\int f(x)dx$	関数 $f(x)$ を x で積分する	（第二章）
e^x	x の指数関数である	（第二章）
$\log_e x$	x の対数関数である	（第三章）
$\sin x$	x のサイン関数である	（第三章）
$\cos x$	x のコサイン関数である	（第三章）
$e^{i\theta} = \cos\theta + i\sin\theta$	オイラーの関係式	（第四章）

良く見かけるギリシャ文字（大・小）と読み方

α	アルファ	-
β	ベータ	-
γ	ガンマ	Γ
δ	デルタ	Δ
ϵ	イプシロン	-
θ	シータ	Θ
λ	ラムダ	Λ
π	パイ	Π
σ	シグマ	Σ
ϕ	ファイ	Φ
ψ	プサイ	Ψ
ω	オメガ	Ω

土岐　博（とき ひろし）　大阪大学名誉教授

理学博士。専門は、原子核物理学（理論）。大阪大学大学院理学研究科修了。西ドイツユーリッヒ原子核研究所研究員、西ドイツレーゲンスブルグ大学客員助教授、アメリカミシガン州立大学物理学助教授、東京都立大学理学部教授を経て、大阪大学物理研究センター教授。平成22年3月退職。著書に『解いて分って使える 微分方程式』共立出版（1997年）、"*Quarks, Baryons and Chiral Symmetry*" World Scientific Publishing Co., Inc, USA（2001）.

兼松 泰男（かねまつ やすお）　大阪大学教授

理学博士。専門は光物性物理学、化学物理、レーザー分光学。信州大学理学部物理学科卒業、大阪市立大学大学院修士課程工学研究科応用物理学専攻修了、大阪大学大学院理学研究科物理学専攻修了。日本学術振興会特別研究員、大阪大学理学部助手、理学研究科助教、ベンチャービジネスラボラトリー助教授、工学研究科物質・生命工学専攻兼任、先端科学イノベーションセンター教授を経て、現在、産学連携本部イノベーション部部長、サイエンス・テクノロジー・アントレプレナーシップ・ラボラトリー（e-square）副ラボラトリー長、工学研究科生命先端工学専攻兼任、教育学習支援センター兼任。

イラスト　**門田 英子**（もんでん ひでこ）

理系の言葉
——微小量の魅力——

発行日　2015年2月14日　初版第1刷発行　［検印廃止］

著　者　土岐　博、兼松 泰男

発行所　大阪大学出版会
代表者　三成 賢次
〒565-0871
大阪府吹田市山田丘2-7　大阪大学ウエストフロント
電 話：06-6877-1614（代表）　FAX：06-6877-1617
URL：http://www.osaka-up.or.jp

印刷・製本　株式会社 遊文舎

ISBN978-4-87259-492-8　C1040